이제 요리를 시작해볼까요?

맛있는 요리를 만드는 레시피가 있는 것처럼 웃음, 힐링, 성장을 만드는 레시피도 있을까요?
레시피팩토리는 모호함으로 가득한 이 세상에서 당신의 작은 행복을 위한 간결한 레시피가 되겠습니다.

샐러드가 필요한 모든 순간
나만의 드레싱이 빛나는 순간

샐러드의 시작과 끝,
샐러드가 필요한 그 순간에 함께 할게요

아버지의 샐러드 사랑은 여전히 진행 중입니다

2012년, 〈샐러드가 필요한 모든 순간 나만의 드레싱이 빛나는 순간〉의 프롤로그는 아침마다 샐러드를 드시는 저희 아버지 이야기로 시작했지요. 아버지께서 아침 식사로 샐러드를 드신다고? 밥과 국이 아니고?라며 많이들 놀라셨는데요, 7년이 지난 지금도 아버지의 샐러드 사랑은 여전히 진행 중이고, 저희 가족은 매일매일 샐러드를 즐기며 지내고 있답니다.

잘 지내셨나요? 7년 만에 인사드리게 되었네요. 요리하는 여자 지은경입니다. 〈샐러드가 필요한 모든 순간 나만의 드레싱이 빛나는 순간〉이 세상에 나온 이후 7년의 시간이 지났습니다. 물론 그 사이 일명 '순간 시리즈'로 불리는 2탄 샌드위치, 3탄 술안주 책으로 인사를 드리긴 했지만, 이렇게 〈샐러드가 필요한 모든 순간 나만의 드레싱이 빛나는 순간〉 개정판으로 독자님들과 다시 만나게 될 줄은 상상도 못하고 있었거든요. 이 모든 게 독자님들 덕분이라고 생각합니다.

'샐필순' 덕분에 독자님과 함께한 추억도 참 많답니다

요즘처럼 새롭고 다양한 정보를 손쉽게 얻을 수 있는 시대에, 지난 7년 동안 저의 샐러드 책을 사랑해주신 독자님들에게 진심으로 감사의 인사를 전합니다. 순간 시리즈의 시작이자 '샐필순' 이라는 애칭까지 붙은 〈샐러드가 필요한 모든 순간 나만의 드레싱이 빛나는 순간〉. 이 책 덕분에 제게도 그간 많은 추억이 생겼답니다.

임신한 아내를 위한 요리를 고민하던 찰나에 '샐필순'을 만나 아내의 잃어버린 입맛과 튼튼한 아기를 만날 수 있었다는 독자님, 건강상의 이유로 채식 식단이 필요했던 아버지에게 맛있는 샐러드를 해드릴 수 있어서 매일이 행복했다는 효녀 독자님. 또 우연히 마트에서 저를 알아보시곤 두 손을 꼭 잡으며 샐러드 책을 하도 봐서 너덜너덜해진 게 너무 속상하다며, 그래도 고맙다며 말씀하셨던 연세 지긋하신 고운 미소의 어머님까지.
이런 순간들을 마주할 때면 '샐필순'이 독자님들 가까이에서 참 많은 사랑을 받고 있구나, 라는 생각이 들면서 마음이 찡했답니다. 그리고 다소 아쉬운 부분에 대해 말씀해주실 때면 그 또한 하나하나 기록해두면서 언젠가는 더 좋은 책으로 다시 선보이고 싶단 생각도 했었지요.

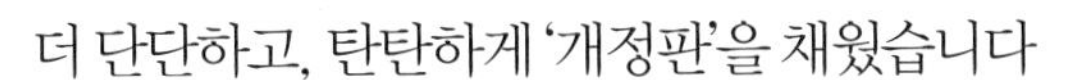

더 단단하고, 탄탄하게 '개정판'을 채웠습니다

여러분들과 다시 한번 만나기 위해 2019년 4월, 출간 7주년을 맞아 더 단단하게 보강한 개정판을 만들었습니다. 제가 메모해둔 아쉬운 점뿐만 아니라 그간 올라온 독자님들의 리뷰를 살피는 것에서부터 개정판의 보완 작업이 시작되었답니다. 수백 개에 달하는 리뷰를 스태프 모두가 빠짐없이 읽어본 후 좋았던 부분, 그리고 아쉬웠던 점까지 최대한 반영했지요.

또한 개정판에서는 새로운 메뉴까지 포함해서 샐러드 120개, 드레싱 100개를 실었습니다. 책이 나온 2012년 당시에는 조금 어려웠지만 지금은 대중적으로 사랑받는 식재료를 적극 활용했고, 아직도 다소 낯설긴 하지만 매우 트렌디한 샐러드도 선보였으며, 무엇보다도 우리 몸에 좋은 건강한 샐러드를 포함해서 더욱 다양하고 더욱 맛 좋은 샐러드를 담으려 했답니다. 물론 기존의 레시피 역시 다시 한번 꼼꼼하게 보며 부족한 부분을 보강하고, 많은 독자님들께서 좋아해 주신 다양한 팁이나 재료 소개, 대체 재료도 더욱 신경 썼지요.

지난 7년, 그리고 앞으로도 맛있는 샐러드를 선보이겠습니다

어느새 모든 준비를 마치고 책의 막바지 작업인 프롤로그를 쓰고 있는데요, 이 순간이면 언제나 어김없이 두근거림과 설렘, 약간의 걱정이 들고는 한답니다. 과연 많이 좋아해 주실까, 부족한 건 없을까?라는 생각과 함께 말이죠. 이번 개정판은 특히나 더 긴장이 되네요. 워낙 큰 사랑을 받은 책이다 보니 이는 자연스러운 일이라고 생각됩니다. 더 좋은 책을 선보이기 위해 한마음으로 함께 고민하고 노력해준 스태프 모두 고맙습니다. 제 샐러드가 가장 맛있다고 말씀하시는 아버지, 이번 촬영을 함께 도와주신 든든한 응원군 엄마, 멀리 호주에 있어 늘 그리운 동생, 고모가 해주는 음식은 항상 멋지다고 말하는 내 사랑 승연 & 승민, 사랑합니다. 제 음식을 늘 맛있게 즐겨주는 친구들에게도 사랑한다는 말을 전하고 싶습니다. 그리고 〈샐러드가 필요한 모든 순간 나만의 드레싱이 빛나는 순간〉을 아껴주신 독자님들, 진심으로 고맙습니다. 제 책이 여러분들의 행복에 아주 조금이나마 보탬이 되었으면 하는 바램입니다.

마지막으로, 비록 미세 먼지 가득한 뿌연 날들의 연속이지만, 그래도 우리 모두에게 좋은 날이 훨씬 더 많기를 기도하며, 둘! 셋!

2019년 봄날, 요리하는 여자 지은경

Contents

채식주의자를 아래 6가지로 구분,
해당 레시피에 표시해두었다.

V 비건 (vegan)
완전 채식주의자. 육류, 생선은 물론
우유와 동물의 알(달걀), 꿀 등
동물에게서 얻은 것은 일절 먹지 않고
식물성 식품만 먹는다.

V 락토 베지테리언 (lacto-vegetarian)
육류와 어패류, 동물의 알(달걀)은 먹지 않고
우유, 유제품, 꿀은 먹는 채식주의자

V 오보 베지테리언 (ovo-vegetarian)
육류, 생선, 해물, 우유, 유제품은 먹지 않지만
달걀은 먹는 채식주의자

V 락토오보 베지테리언 (lacto-ovo-vegetarian)
채식을 하면서 달걀, 우유, 꿀처럼
동물에게서 나오는 음식은 먹는 채식주의자

V 페스코 베지테리언 (pesco-vegetarian)
육류는 먹지 않지만 해산물,
동물의 알(달걀), 유제품은 먹는 채식주의자

V 폴로 베지테리언 (pollo-vegetarian)
채식을 하면서 우유, 달걀, 생선, 닭고기까지
먹는 준채식주의자

Chapter 1

파스타, 고기 요리 등에 곁들이기 딱 좋은 기본 샐러드

Chapter 2

한식 밥상에 올리기 좋은 밥 반찬 샐러드

Contents

Chapter 3

몸을 가볍게 해주는
한 그릇 다이어트 샐러드

Chapter 4

뱃살 걱정 없는
저칼로리 안주 샐러드

Chapter 5

쉽고, 폼 나고, 스타일리시한 손님 초대상 샐러드

Recipe plus

남은 샐러드 100% 활용하기

Basic guide

맛있고 예쁘고 건강에 좋은
샐러드를 만들기 위한 기본 레슨

hand made

샐러드가 별것 있나? 샐러드는 은근 어렵다!
이런 분들을 위해 샐러드 만들기에 앞서 기본적으로
알아두어야 할 내용을 담았습니다. 우선 요리하는 여자
지은경이 알려주는 샐러드 맛있게 만드는 10계명을
소개할게요. 10계명에는 드레싱에 대한 기본 레슨,
한국인의 입맛에 딱 맞는 드레싱의 황금비율 등도 있답니다.
또 드레싱 200% 활용법도 실었고요.
이어서 샐러드의 신선한 맛을 책임지는 잎채소, 허브,
육류, 해산물, 견과류, 과일 등 재료의 구입부터 보관까지
필수적으로 알아두어야 할 정보들을 정리했습니다.
장 볼 때, 재료가 남아 갈무리를 해야 할 때 참고하세요.
또한 이 책에 쓰인 조금 낯선 재료들에 대해서는
설명과 함께 구입처, 없을 때 대체하는 방법들도
적어두었으니 부담 갖지 말고 만들어 보세요.

레시피를 따라 하기 전에 꼭 읽어보세요

각 페이지의 구성을 소개합니다.
요리를 만들기 전에 읽어보면 많은 도움이 될 거예요.

❶ 샐러드에 대한 소개, 요리 매칭법, 영양정보 등

요리명에 대한 설명, 맛, 영양 정보뿐만 아니라
어떤 요리와 함께 먹으면 좋은지, 어떤 용도로 준비하면
적합한지 등 필자의 경험을 담았습니다.

❷ 정확한 분량, 인분수, 대체 재료 등 꼼꼼히 소개

누가 만들어도 똑같은 맛이 나도록 계량도구를 사용하되,
손대중, 눈대중도 함께 적었어요. 또한 대체 재료도
소개합니다. 한 끼 식사용 샐러드는 1인분,
그 외는 2~3인이 함께 먹을 수 있는 분량입니다.

❻ 한눈에 쏙 보이는 드레싱 만들기

드레싱에 들어가는
모든 재료를 도식화해서
열거해 보기 쉽도록
했어요. 드레싱은 넉넉하게
만들었으니 80% 정도
먼저 넣어 맛본 후
취향에 따라 더해주세요.

❸ 스타일리시한 담는 법을 배울 수 있는 사진

샐러드마다 다양한 담음새를 소개합니다.
그대로 따라 하면 훨씬 스타일리시해 보일 거예요.

❹ 실수 포인트, 낯선 재료, 대체 재료 등 Salad Tip

레시피의 활용도를 높이기 위해
알아두면 좋은 팁을 가득 담았습니다.

❺ 대체 재료나 또 다른 드레싱 제안한 Dressing Tip

드레싱 재료 중 낯선 재료에 대한 소개나
익숙한 드레싱으로의 대체 등을 소개해요.

정확한 맛을 위한 계량 가이드

누가 만들어도 맛있는 샐러드가 되도록 계량 도구를 사용했답니다.
계량도구별, 식재료별 계량법을 소개합니다.

계량컵 & 계량스푼

Tip **계량도구 대신 밥숟가락, 종이컵으로 계량하기**

1큰술(15㎖) = 3작은술 = 밥숟가락 약 1과 1/2
1작은술(5㎖) = 밥숟가락 약 1/2
1컵(200㎖) = 종이컵 1컵

★ 밥숟가락은 집집마다 크기가 달라 맛에 오차가 생기기 쉬우니 가급적 계량도구를 사용하는 것을 추천해요.

종류별 계량하기

간장, 식초, 와인 등 액체류

계량컵
평평한 곳에 올린 후 가장자리가 넘치지 않도록 찰랑찰랑 담는다.

계량스푼
가장자리가 넘치지 않을 정도로 찰랑찰랑 담는다.

설탕, 소금 등 가루류

계량컵 & 계량스푼
설탕, 소금 같이 입자가 큰 가루
가득 담은 후 젓가락으로 윗부분을 평평하게 깎는다.
밀가루 같이 입자가 고운 가루
체에 내린 후 꾹꾹 누르지 말고 가볍게 담는다. 젓가락으로 윗부분을 평평하게 깎는다.
★ 1/2큰술을 계량할 때는 1큰술을 담은 후 손가락으로 절반까지 밀어낸다.

마요네즈, 된장 등 되직한 류

계량컵 & 계량스푼
재료를 바닥에 쳐 가며 가득 담은 후 윗부분을 평평하게 깎는다.
★ 동일한 1컵이라도 밀가루는 가볍고 고추장은 무겁다. 따라서 부피와 무게를 동일하게 계산해서는 안 된다.

콩, 퀴노아 등 알갱이류

계량컵 & 계량스푼
재료를 꾹꾹 눌러 가득 담은 후 윗부분을 깎는다.

손대중량 & 눈대중량 알아보기

장 보러 갈 때, 빠르게 요리할 때 활용하기 좋도록
손대중량과 눈대중량을 소개합니다.

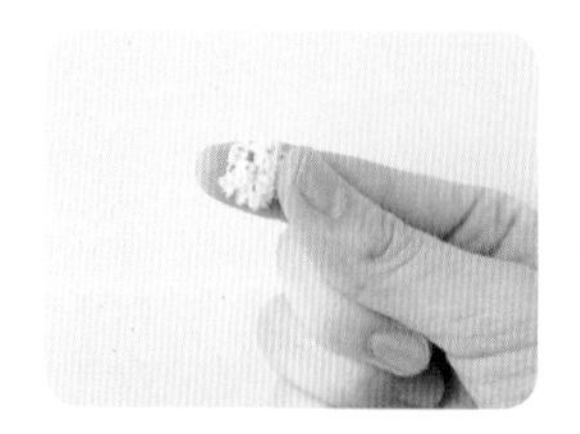
소금 약간

어린잎 채소 1줌(20g)

돌나물 1줌(25g)

참나물 1줌(50g)

깻잎순 1줌(30g)

영양부추 1줌(40g)

부추 1줌(50g)

시금치 1줌(50g)

달래 1줌(50g)

콩나물 · 숙주 1줌(50g)

느타리버섯 1줌(50g)

브로콜리 · 콜리플라워 1개(300g)

양상추 1장(15g, 손바닥 크기)

양배추 1장(30g, 손바닥 크기)

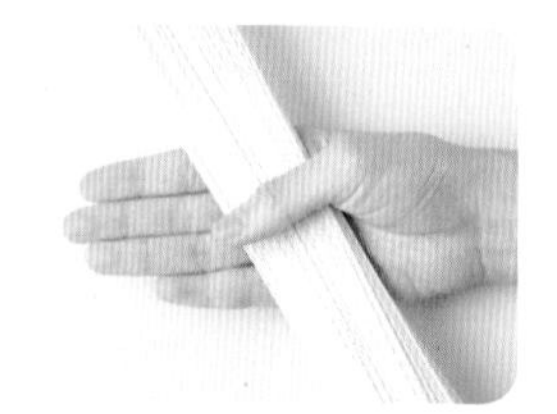
소면 · 메밀면 1줌(70g)

북어포 1컵(30g)

다양한 재료 손질하기

알아두면 요리가 더 쉬워지는 재료 손질하기입니다.
샐러드에 많이 쓰이는 재료들로 선별했으니 천천히 따라 해보아요.

레몬 · 오렌지 · 자몽 제스트 & 즙 만들기

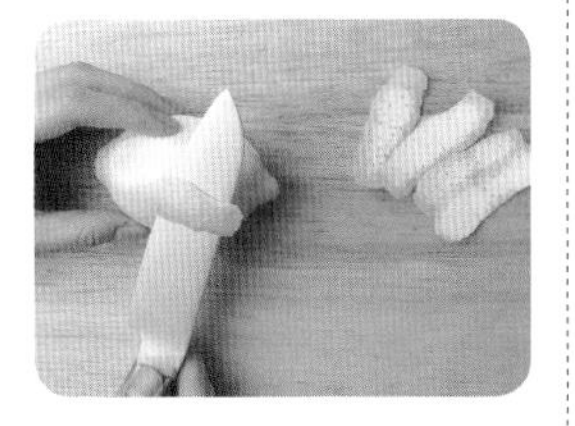

제스트 만들기

❶ 소금(1큰술)으로 문질러 씻은 후 칼로 껍질을 벗긴다.

❷ 껍질의 흰 부분은 제거하고, 노란 부분만 잘게 다져 제스트를 만든다.

즙 만들기

반으로 썬 후 포크로 찌른다. 비틀어가며 즙을 짠다.

★ 스퀴저(Squeezer)를 사용해도 좋다.

오렌지 · 자몽 과육 발라내기

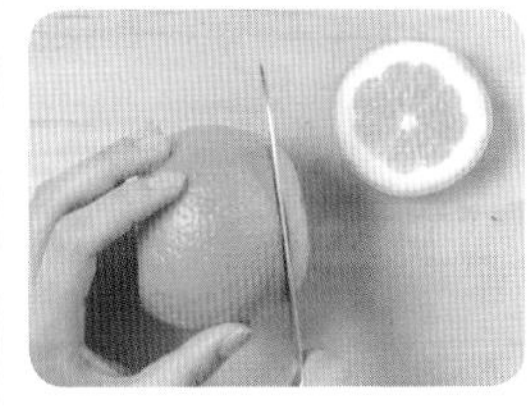

❶ 과일의 양 끝을 잘라낸다.

❷ 칼로 껍질을 도려내듯 벗긴다.

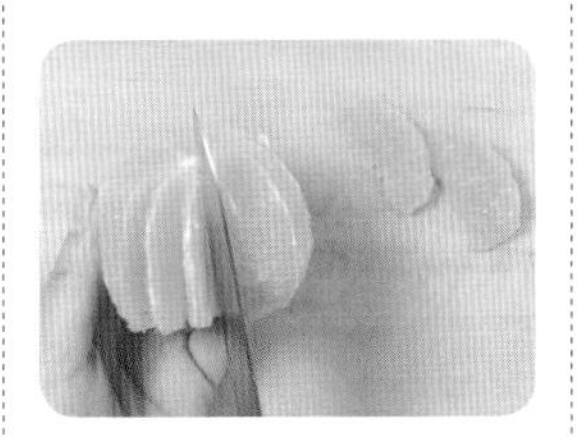

❸ 속껍질 바로 옆에 칼날을 넣어가며 과육만 발라낸다.

망고 과육 발라내기

❶ 가운데 씨를 기준으로 껍질째 양옆의 과육을 잘라낸다.

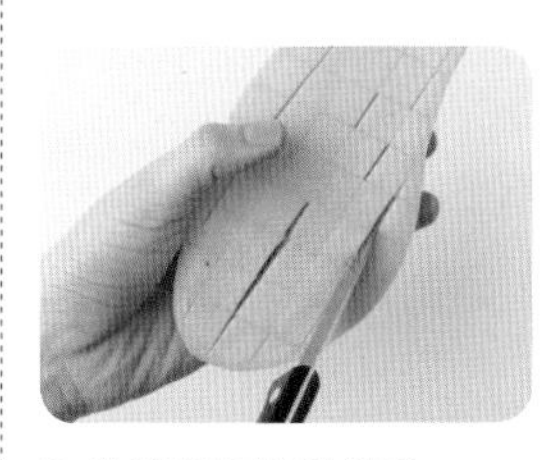

❷ 썬 단면의 과육에 원하는 모양의 칼집을 넣는다.

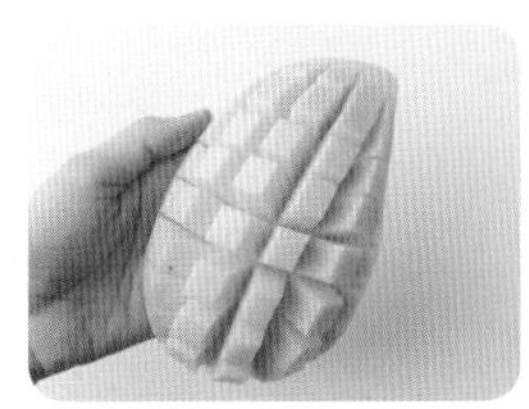

❸ 과육이 벌어지도록 껍질 쪽을 위로 밀어 올린다. 칼(또는 숟가락)을 이용해 과육을 분리한다.

파슬리 다지기

❶ 잎만 떼어낸다.

❷ 키친타월로 감싸 물기를 없앤다.

❸ 용도에 맞게 굵게, 또는 잘게 다진다.

퀴노아 익히기

❶ 퀴노아 1컵(120g)을 씻은 후
체에 밭쳐 물기를 뺀다.

❷ 달군 냄비에 올리브유 1큰술,
퀴노아를 넣고
중간 불에서 2분간 볶는다.

❸ 물 1과 3/4컵(350㎖),
소금 1/2작은술, 마늘 1개,
로즈메리 1줄기를 넣고
센 불에서 끓어오르면
약한 불로 줄여 뚜껑을 덮고
13~15분간 익힌다.
불을 끄고 뚜껑을 덮은 그대로
5분간 둔 후 섞는다.

수란 만들기

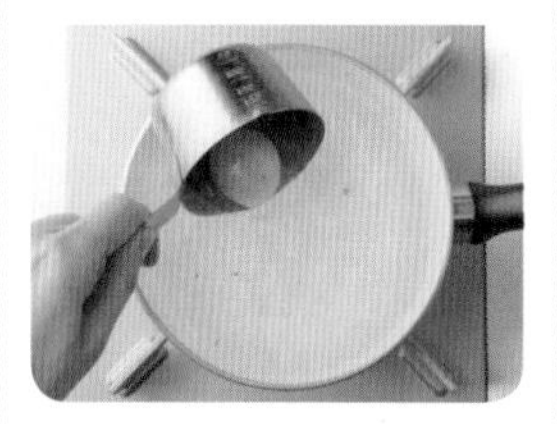

❶ 계량컵에 달걀 1개를 깬다.
끓는 물(5컵) + 식초(1큰술)를
한쪽으로 저어 회오리를
만든 후 달걀을 살살 넣는다.

❷ 약한 불에서 젓가락으로
살살 저어 회오리를
만들어가며 2분간 익힌다.

❸ 체로 건져낸 후
찬물에 담가 식힌다.

새우 손질하기

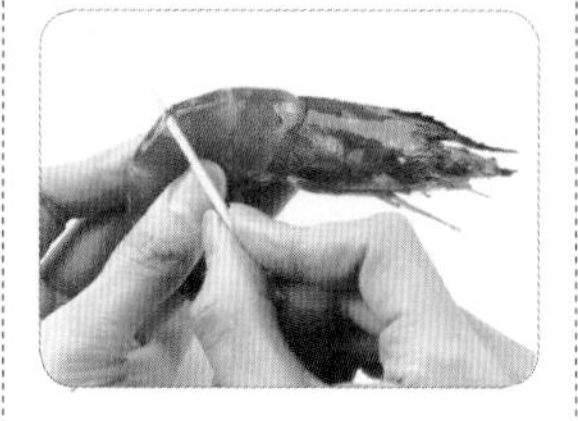

❶ 두 번째와 세 번째 마디 사이에
이쑤시개를 꽂아 내장을 뺀다.

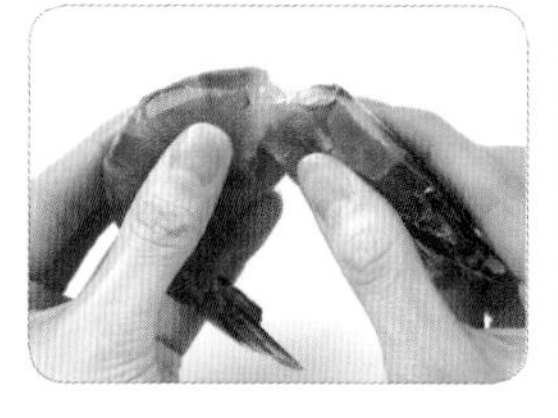

❷ 머리를 없앤다. ★ 요리에 따라
꼬리 쪽의 물총도 없애도 좋다.

❸ 꼬리 한 마디를 남기고
껍질을 벗긴다.
★ 요리에 따라
꼬리까지 없애도 좋다.

오징어 손질하기

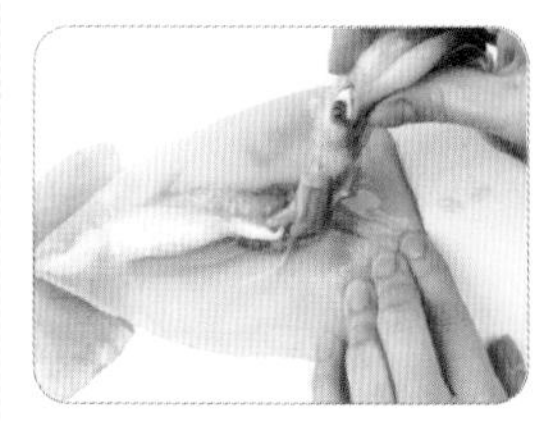

❶ 오징어 몸통은 반을 갈라
내장이 붙은 다리를 떼어낸다.
★ 몸통을 가르지 않고 손을 넣어
내장, 다리만 분리해도 좋다.

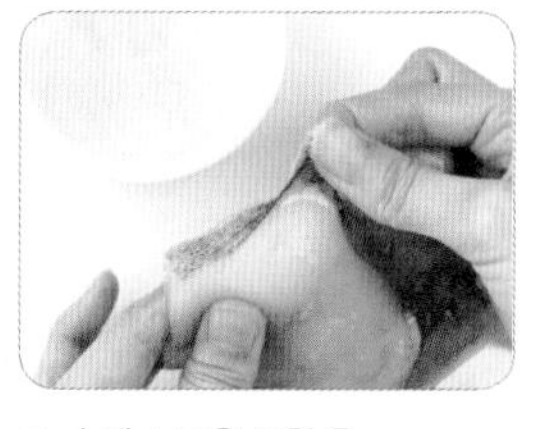

❷ 손에 소금을 묻힌 후
오징어 껍질을 벗긴다.
★ 껍질을 벗기지 않아도 된다.

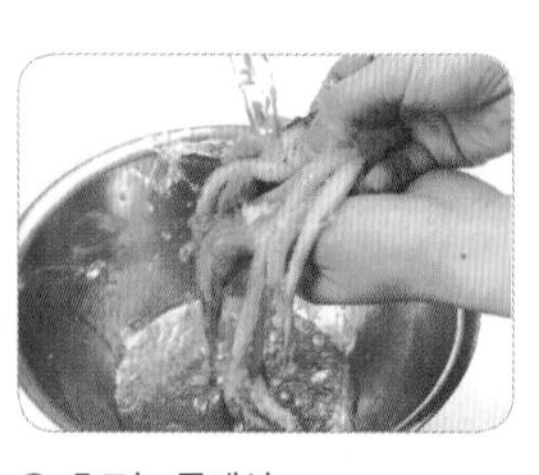

❸ 흐르는 물에서
손으로 다리를 훑어가며
빨판을 없앤다.

방울토마토 껍질 벗기기

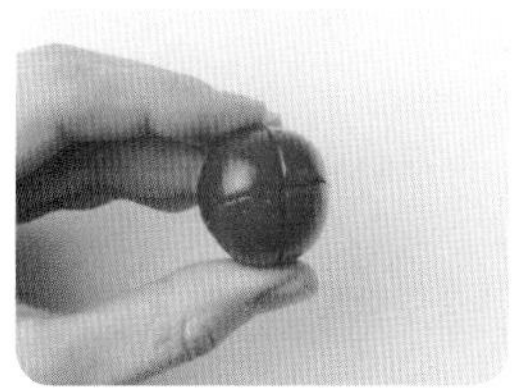

❶ 꼭지를 떼고 반대쪽에 열십(+) 자로 칼집을 살짝 낸다.

❷ 잠길 만큼의 물+소금(약간)이 끓어오르면 방울토마토를 넣고 15~20초간 데친다.

❸ 바로 찬물에 담가 식힌 후 껍질을 벗긴다.

아보카도 손질하기

❶ 칼을 꽂아 가운데 씨가 있는 부분까지 넣는다. 아보카도를 돌려가며 칼집을 낸다.

❷ 아보카도의 양쪽을 잡고 비틀어서 분리한다.

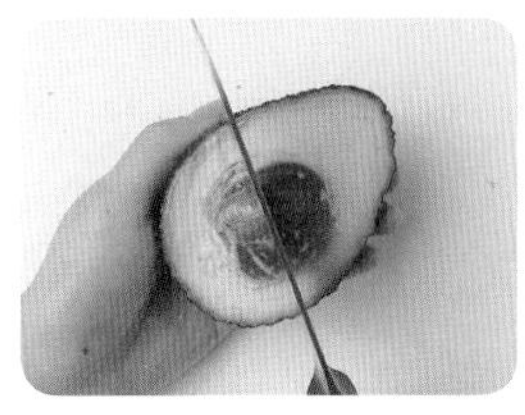

❸ 한쪽 면에 붙어 있는 씨를 칼로 콕 찍어 돌려서 빼내거나 숟가락으로 파낸다.

베이컨 칩 만들기

❶ 베이컨 4장을 1cm 두께로 썬다.

❷ 달군 팬에 베이컨을 넣고 중약 불에서 5~6분간 볶은 후 키친타월에 올려 기름기를 뺀다.

❸ 그대로 사용하거나 굵게 다진다.

견과류 볶기

❶ 달군 팬에 기름을 두르지 않고 견과류를 넣어 중약 불에서 노릇하게 볶는다. ★ 견과류마다 크기가 달라 볶는 시간에 차이가 있으므로 상태를 보면서 볶는다.

❷ 키친타월에 올려 충분히 식힌다.

❸ 굵게 또는 잘게 다진다.

샐러드 전문가 지은경이 제안하는

정말 맛있는 샐러드를 위한 10계명

1 "드레싱을 맛있게 만드는 순서와 비율을 기억해두세요"

먼저 이 책에 많이 사용한, 알아두면 좋은 기본 드레싱 재료를 소개할게요.

- 오일류 포도씨유, 카놀라유, 올리브유(엑스트라 버진), 참기름, 들기름 등
- 식초류 양조식초, 발사믹 식초, 레몬즙, 과일식초, 현미식초, 홍초, 흑초, 와인식초 등
- 당류 설탕, 꿀, 올리고당, 아가베시럽, 메이플시럽, 매실청, 유자청 등
- 겨자류 디종 머스터드, 씨겨자(홀그레인 머스터드), 머스터드, 연겨자, 고추냉이(와사비), 호스래디시
- 동양식 양념 및 소스류 양조간장, 된장, 고추장, 고춧가루, 피쉬소스, 굴소스, 호이진 소스, 스위트 칠리소스, 마요네즈 등
- 풍미를 더해주는 재료 마늘, 양파, 생강, 레몬, 우메보시, 케이퍼, 앤초비, 허브, 유자청, 매실청 등

위의 드레싱 재료는 가루 재료와 액체(식초, 레몬즙 등), 향채(마늘, 양파, 허브 등)를 먼저 섞고, 오일 종류의 재료는 마지막에 넣어주세요. 그래야 재료들이 충분히 잘 섞여서 맛이 좋거든요. 재료를 믹서에 갈아서 사용할 경우에도 마찬가지로 오일을 제외한 재료를 먼저 갈아준 후 오일은 마지막에 넣고 섞으세요. 참, 소금은 꽃소금만 사용합니다. 가는 소금을 사용할 경우 레시피 분량의 절반 정도를 먼저 넣은 후 마지막에 간을 보며 조절해주세요. 계량도구로 동량을 계량할지라도 꽃소금에 비해 가는 소금은 입자가 더 곱다 보니 양이 더 많아지면서 짜게 될 수 있거든요.

드레싱 재료는 경우에 따라, 상황에 따라 조절해주면 좋습니다. 예를 들어 기름에 굽거나 볶은 재료가 넉넉하게 들어가는 샐러드면 드레싱의 오일의 양을 줄이고, 단맛이 나는 양파나 파프리카, 파인애플, 포도 등이 들어가는 샐러드의 드레싱은 설탕이나 꿀, 올리고당 등 단맛을 내는 재료의 양을 줄이는 것이지요. 건강을 위해 오일이나 마요네즈가 들어가는 드레싱의 칼로리를 낮추고 싶다면 오일 대신 믹서에 간 과일이나 요거트를 넣어 농도를 맞춰주고요, 설탕이나 꿀 등 칼로리가 높은 단맛을 내는 재료의 양도 줄여주세요.

드레싱은 하루 전, 또는 샐러드를 준비하는 가장 첫 번째 단계에 만드는 것이 좋아요. 그래야 재료끼리의 맛이 잘 어우러지면서 훨씬 맛있거든요. 양파나 마늘 등의 향채 또는 과일이 들어가는 경우에는 특히 오일, 식초 등과 서로 어우러지려면 시간이 필요하답니다.

마지막으로 드레싱의 황금 비율은 어떻게 될까요? 바로 식초, 설탕, 오일이 1.5 : 1 : 3 정도의 비율로 만드는 거예요. 한국인의 입맛에 가장 잘 맞는 새콤달콤한 맛의 드레싱을 만드는 비율이거든요. 여기에 기호에 따라 신맛과 단맛을 조절하면서 허브나 과일 제스트 등을 더해주면 보다 고급스러운 맛의 드레싱이 된답니다.

2 "샐러드 재료에 따라 드레싱을 곁들이는 법이 조금씩 달라요"

드레싱은 샐러드에 한 번에 다 붓지 마세요. 드레싱의 80% 정도를 샐러드에 먼저 더한 후 남은 드레싱은 작은 용기에 담아 조금씩 추가해가며 맛보길 바라요. 드레싱을 한 번에 모두 넣어버리면 처음에는 맛있을 수 있지만 채소의 숨이 금세 죽어버려서 마치 절인 채소를 먹는 것처럼 되어버리거든요. 그럼 아삭하고 신선한 맛을 느끼기 어려워진답니다.

드레싱은 샐러드 재료에 따라서 곁들이는 법도 조금 다른데요, 감자, 브로콜리, 토마토 등의 단단한 재료는 먹기 5분 전에 미리 드레싱과 버무려두면 재료에 드레싱이 충분히 배어 맛있지요. 그와 달리 부드러운 잎채소는 먹기 직전에 드레싱을 뿌려야 숨이 죽지 않고 신선한 맛을 느낄 수 있으니 참고하세요.

3 "제철에 나는 채소와 과일, 해산물을 듬뿍 넣어보세요"

모든 음식이 그렇지만 제철에 나는 식재료를 활용하면 계절감을 살린 샐러드를 만들 수 있답니다. 요즘은 하우스 재배나 양식을 많이 하고, 냉동 제품도 품질이 좋아져서 사시사철 대부분의 재료를 손쉽게 구할 수 있긴 하지만, 제철에 나는 나물이나 밭에서 나는 채소, 그리고 싱싱한 해산물이라면 더욱 풍성하고 영양가 높은 샐러드를 먹을 수 있지요. 평범한 양상추 샐러드에 달래만 올라가도 싱그러운 봄 샐러드가 되고, 토마토가 맛있는 여름엔 토마토 두어 가지를 섞어 여름을 한껏 담아낼 수 있지요. 가을엔 제철 대하를 구워 채소와 곁들여 풍성한 가을 느낌을 전하고, 겨울이면 단맛이 가득 찬 무나 배추를 이용해 시원함을 담은 샐러드를 만들어보세요. 계절을 느낄 수 있는 싱싱한 제철 재료들은 우리 몸에 가장 좋은 약이 된답니다.

4 "잎채소는 찬물에 10~15분 정도 담가두었다가 흐르는 물에 헹구세요"

잎채소의 농약 성분이나 흙, 이물질 등을 가장 효과적으로 제거할 수 있는 방법은 차가운 물에 10~15분 정도 담가두었다가 흐르는 물에 두세 차례 헹구는 것입니다. 이렇게 하면 잎이 깨끗하게 씻겨지면서 수분도 듬뿍 머금게 되어 아삭한 식감도 살아나니 1석 2조인 거죠.

5 "채소의 물기는 최대한 제거하세요. 채소 탈수기 사용도 강추!"

샐러드 채소에 물기가 많이 남아있다면 드레싱이 잘 입혀지지 않고, 물이 섞이면서 밋밋하고 싱거운 샐러드가 된답니다. 채소는 씻은 후 최대한 물기를 제거하고요, 잎채소의 경우 스피너(채소 탈수기)를 이용하는 것도 좋은 방법입니다.
수분을 없앤 후에는 밀폐용기에 키친타월을 깔고 채소를 담아 냉장실에 15분 정도 넣었다가 사용하면 식감이 더욱 싱싱하고 아삭하게 살아난답니다.

6 "단단한 재료는 실온에 두었다가 센 불에서 짧은 시간내 굽거나 데치세요"

샐러드에는 잎채소 외에도 브로콜리, 주키니, 아스파라거스 등 단단한 채소류를 굽거나 데쳐서 자주 사용합니다. 이러한 채소들도 맛있게 굽고, 맛있게 데치는 방법이 있어요.
익히기 전에 냉장고에서 미리 꺼내두길 권해요. 가열 조리 단계를 거쳐야 하기 때문에 조리시간과 에너지 낭비를 줄이려면 실온에 두는 것이 좋으니까요.
재료를 구울 때는 소금, 통후추 간 것으로 밑간을 한 후 오일을 살짝 두르고 센 불에서 짧은 시간에 구우세요. 약한 불로 장시간 익히면 영양소 파괴도 많고, 식감도 물러져 맛이 덜해진답니다.
혹시 허브나 스파이스 종류가 있다면 소금과 통후추 간 것으로 간을 할 때 함께 곁들여 향을 더하면 더욱 좋겠지요. 뜨겁게 익힌 재료는 키친타월에 잠시 올려 식혀주면 기름기도 제거되고 열기도 살짝 빠져서 함께 담는 신선한 채소 종류의 숨이 죽지 않을 거예요.
재료를 데칠 때는 팔팔 끓는 넉넉한 양의 물에 소금을 넣은 후 짧은 시간에 데치세요. 데친 후에는 바로 얼음 물이나 찬물에 담가 열을 빼고, 체에 밭쳐 물기를 충분히 없앤 다음 샐러드에 곁들이면 됩니다.

7 "견과류는 볶아서 고소하게, 과일은 실온에서 단맛을 되찾은 후에 사용하세요"

샐러드에 더하는 견과류는 그대로 사용하는 것보다 마른 팬에 살짝 볶아 더하면 바삭한 식감과 함께 고소한 맛이 훨씬 살아납니다. 미리 볶은 후 펼쳐 열기를 식힌 다음 사용하는 것이 좋겠지요. 과일이 너무 찬 상태라면 단맛이 충분하게 느껴지지 않으니 실온에 꺼내 두었다가 곁들이세요.

8 "고기 요리, 생선 요리, 밥이나 면에 곁들이는 샐러드는 이렇게 정하세요"

샐러드를 그냥 채소 한 그릇이라고 여기기 쉽지만, 훌륭한 애피타이저부터 디저트, 일품요리, 간단한 한 끼 식사까지도 될 수 있어요. 그렇다면 오늘의 상차림에 어울리는 샐러드는 어떻게 고를까요? 만약 메인 메뉴가 묵직한 고기 요리라면 상큼하고 가벼운 느낌의 채소 샐러드를 곁들이고, 메인 메뉴가 비교적 가볍다면 포만감이 좋은 부재료가 곁들여진 샐러드로 균형을 맞춰주세요. 마찬가지로 메인 메뉴가 단백질 종류가 아닌 국수나 밥이 주가 되는 식단이라면, 고기나 생선 등의 단백질 재료가 들어간 샐러드를 준비하면 영양 균형이 잘 맞을 겁니다.

9 "여러가지 색깔과 모양, 식감이 다른 재료들을 섞어 맛과 멋을 더하세요"

샐러드는 그저 곁들이는 채소 요리에 그칠 수도 있지만 어떤 식재료를 사용하는지에 따라 다양한 맛과 멋을 낼 수 있답니다.
로메인, 비트잎 등 한가지 채소에 드레싱을 곁들여 심플 샐러드를 만들어도 되지만, 서로 다른 색깔의 잎채소를 섞어주고, 파프리카나 달콤한 과일을 넣으면 자연스러운 단맛이 더해져서 좋겠지요.
고소한 견과류를 뿌려 마무리하면 보기에도 예쁘고, 바삭한 식감이 좋아 더욱 정성스러운 느낌의 샐러드를 만들 수 있을 테고요.
고구마나 비트 등을 기름에 살짝 튀겨 칩을 만들어 곁들이면 훨씬 멋스러운 샐러드가 된답니다.

10 "그릇 모양과 담음새에 따라 달라지는 멋진 샐러드"

샐러드는 같은 재료라 할지라도 어떤 그릇에 어떻게 담는가에 따라 멋진 센터피스 역할을 하는 화려한 요리가 될 수도 있답니다.
이 책을 보면서 샐러드를 멋있게 담아내는 방법을 함께 고민하면서 다양한 샐러드로 식탁에 멋을 더해보길 바랍니다.

샐러드 재료, 똑똑하게 고르고 신선하게 보관하기

샐러드를 맛있게 먹으려면 먼저 신선한 재료를 잘 골라야겠지요?
샐러드에 가장 많이 쓰이는 재료들을 잘 고르고, 잘 보관하는 방법을 소개합니다.

후숙 채소 및 과일류

토마토, 아보카도, 멜론, 파인애플, 키위 등의 후숙 채소나 과일을 구입했을 때
아직 덜 익은 상태라면 실온에 두고 충분히 익힌 후 냉장실에 넣어 보관하세요.
잘 익은 아보카도는 신문지로 하나씩 감싸 보관하고, 손질 후에는
쉽게 색이 변하므로 레몬즙을 뿌려 갈변 현상을 늦추는 것이 좋습니다.

허브류

허브는 향을 내기 위해 사용하는 재료인 만큼 고유의 향이 살아있는 것을 고르는 것이 좋아요.
줄기나 뿌리째로 구입하면 더욱 오래 보관할 수 있지요. 구입한 후 바로 사용할 경우에는
찬물에 3~5분 정도만 담갔다가 사용하세요. 물에 오래 담가둘 경우 향이 다 날아가니
유의하세요. 냉장 보관 시에는 유리병에 물을 채워 꽃을 꽂듯이 허브를 꽂아두면
더욱 오래 보관할 수 있답니다. ★ 샐러드에 많이 활용하는 허브 만나기 23쪽

잎채소류

요즘은 작은 마트의 쌈 채소 코너에도 다양한 종류의 잎채소들이 있지요. 쌈 채소는
잎 부분에 윤기가 나고 색이 선명한 것, 줄기를 만졌을 때 단단하고 힘이 있는 것이 싱싱해요.
로메인이나 양상추 등 포기로 되어있는 채소는 크기가 큰 것보다 들어봤을 때 묵직한 느낌이 드는
것이 좋답니다. 구입 후에는 밀폐용기에 넣어 냉장 보관하세요. 1~2시간 내에 먹을 거라면
씻어 물기를 뺀 후 키친타월을 깐 밀폐용기에 담아 냉장실에 넣어두면 아삭한 식감을 살릴 수 있지요.
★ 샐러드에 많이 활용하는 잎채소 만나기 22쪽

단단한 채소류

브로콜리, 오이, 파프리카, 양배추, 가지, 주키니, 애호박 등의 단단한 채소는
말 그대로 단단한 것이 싱싱해요. 브로콜리는 누렇게 변하지 않고 초록색이 진하면서
송이가 촘촘한 것이 좋고, 오이는 너무 굵으면 씨가 많으므로 적당한 굵기에 곧은 것을 고르세요.
파프리카는 단단하고 색이 선명하고 꼭지가 마르지 않은 것으로, 가지나 주키니,
애호박 역시 단단하고 색이 선명하며 너무 휘지 않은 것으로 골라야 합니다.
냉장 보관할 때는 신문지나 키친타월로 감싼 후 넣어두면 더 오래, 신선하게 둘 수 있어요.

견과류

샐러드에 곁들이는 약간의 견과류는 맛과 영양을 한층 높여줘요. 견과류는 지방을 많이 함유하고 있다 보니 산패의 가능성이 높은데, 적은 양이라면 실온에 두어도 좋지만 오래 두고 먹으려면 반드시 밀폐용기에 넣어 냉동실에 보관하도록 하세요. 대부분의 견과류는 마른 팬에 노릇하게 볶아 사용하면 고소한 맛과 바삭한 식감을 더욱 살릴 수 있답니다. ★ 견과류 볶기 15쪽

치즈류

샐러드에 들어가는 치즈는 취향에 맞게 고르면 돼요. 숙성기간이 짧아 향이나 맛이 부드러운 치즈부터 숙성기간이 길어 맛과 향이 강한 치즈까지, 다양하게 판매하고 있답니다. 보관 도중 곰팡이가 생기지 않도록 밀봉해 냉장 보관하세요. 간혹 곰팡이가 조금 생기는 경우가 있는데, 어린이나 노약자의 경우를 제외하고는 곰팡이 부분만 제거하고 먹어도 무방해요. ★ 샐러드에 많이 활용하는 치즈 만나기 24쪽

가공품류

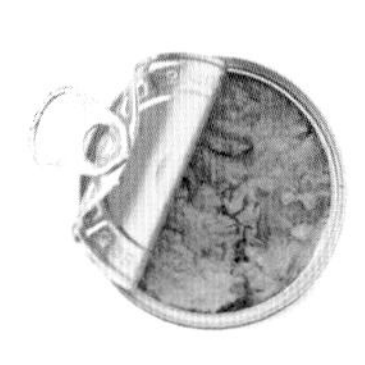

햄, 맛살, 통조림 등의 가공품은 한번 사용할 양 만큼씩 포장된 것으로 구입하고, 뜯었다면 보관하지 않도록 다 쓰는 것이 좋아요. 불가피한 경우라면 통조림은 캔이 아닌 밀폐용기에 담아 보관하세요. 이렇게 보관한 제품은 3~4일을 넘기지 않고 사용하는 것이 중요해요.

고기류

쇠고기와 돼지고기는 살이 선명한 붉은색을 띠고, 지방 부위가 하얀 것이 신선해요. 닭고기는 살이 선홍색을 띠며 껍질이 광택 있는 베이지 톤을 띠면 좋은 것이지요. 구입할 때는 기름기가 많지 않은 것을 고르세요. 냉동 보관 시에는 한 번에 사용할 만큼씩 위생팩에 담아 얼리고, 한번 해동한 고기는 다시 얼리지 않도록 하세요. 또한 키친타월로 핏물을 없앤 후 사용하면 더욱 깔끔하고 누린내 없는 고기를 맛볼 수 있지요.

해산물류

모든 해산물은 살이 단단하고 표면이 깔끔하고 윤기가 나며 나쁜 냄새가 없는 것이 신선해요. 오징어는 살이 탄력 있고 눈이 맑은 것을 고르고, 연어는 살이 연한 주황색이나 진분홍색을 띠고 윤기나는 것이 좋지요. 조개류는 껍질이 깨졌거나 열려 있는 것은 피하도록 하세요. 해산물은 구입 후 반드시 냉장 보관하며 조개류는 해감한 후 사용해야 합니다. 그 외 해산물도 소금물에 헹군 후 사용하는 것을 권합니다.

샐러드에 가장 많이 쓰이는 잎채소 및 허브 알아가기

잎채소

양상추

샐러드에 가장 많이 애용되고 있는 채소로, 아삭한 식감과 청량한 맛이 좋다. 고를 때는 잎이 밝은 연두색을 띠고 윤기가 나며, 들었을 때 묵직한 것이 속이 꽉찬 것이다. 저온으로 20일간 저장이 가능하며 건조하지 않도록 랩으로 싸거나 위생팩에 넣어 보관한다.

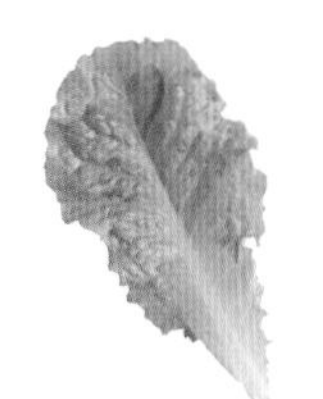

로메인

'로마인의 상추'라는 뜻으로 로마인들이 즐겨 먹었다고 하여 붙여진 이름이다. 씨저 샐러드에 들어가는 채소로 많이 알려져 있다. 씹는 맛이 아삭하며 쓴맛이 적고 감칠맛이 있다. 잎에 광택이 있는 것이 싱싱하고, 포기째 또는 낱장으로 구입할 수 있다.

양배추 · 적양배추

아삭한 맛이 좋은 양배추와 적양배추는 식이섬유가 많아 포만감을 주며 장운동을 활발하게 해서 변비에 도움을 준다. 모양이 봉긋하고 윗부분이 뾰족하지 않은 것이 좋다. 양배추는 잎보다 줄기가 먼저 썩기 때문에 칼로 줄기를 도려낸 후 물에 적신 키친타월로 감싸두면 싱싱하게 보관할 수 있다.

어린잎 채소

각종 채소의 잎이 어리고 부드러울 때 채취한 것으로 부드러운 식감이 특징이다. 특별한 맛이나 향이 없어 누구나 부담없이 즐길 수 있다. 조직이 연해 빨리 짓무르므로 구입 후 빠른 시간 내에 먹는 것이 좋다. 미네랄 함량이 높아 성장기 어린이에게 특히 추천.

비타민

비타민 성분이 많이 들어있어 붙여진 명칭으로 '다채'라고도 불린다. 맛이 순해 어떠한 샐러드에도 잘 어울린다. 숟가락 모양으로 자라는 잎은 광택이 있고 짙은 녹색을 띠는 것이 좋다. 카로틴이 시금치의 2배나 되고 철분과 칼슘이 풍부하여 성장기 어린이에게 좋다.

시금치

시금치는 짤막하면서도 뿌리 부분이 불그스름한 것이 달짝지근하고 고소하다. 생으로 먹을 경우는 잎의 크기가 작은 것이 연하고 부드러워서 좋다. 익힐수록 비타민 C 파괴가 많아지므로 되도록이면 생으로, 빠르게 익히는 것을 권한다. 신문지로 감싸 냉장고 채소칸에 보관한다.

라디치오

이탈리안 치커리라고도 한다. 흰색의 줄기와 붉은색의 잎이 조화를 이루고 있는 채소이다. 쓴맛이 나는 채소로 소화를 촉진시킨다. 주로 샐러드의 재료로, 또는 요리의 장식용으로 사용되지만 이탈리아에서는 오븐에 구워 먹기도 한다. 위생팩에 넣어 냉장 보관하면 일주일 정도 보관할 수 있다.

청경채

중국 배추의 일종으로 중식에서는 주로 볶아 먹지만 생으로 먹어도 떫은맛이 없고 즙이 많으며 아삭한 식감이 난다. 잎줄기가 엷은 청록색을 띠고 광택이 있으며 시들지 않은 것이 좋다.

샐러드에 가장 중요한 재료가 바로 잎채소이지요. 마트에서 만날 수 있는, 활용하기 좋은 잎채소를 소개합니다.
서로 맛과 질감이 약간씩 다르지만 어떤 잎채소든 기호에 따라 자유롭게 골라 샐러드에 넣으세요.

청겨자잎 · 적겨자잎

겨자 열매가 열리기 전에 나는 잎으로, 잎의 가장자리가 오글오글한 것이 특징이다. 푸른색의 잎은 청겨자, 붉은색의 잎은 적겨자라고 부른다. 톡 쏘는 듯한 매운맛과 향기가 특징으로 비린 맛을 없애는 역할을 한다. 고기와 생선 요리에 잘 어울린다.

적근대

잎줄기와 잎맥이 짙은 붉은색을 띤 근대의 종류. 국거리로 주로 이용되는 근대와는 달리 쌈 채소와 샐러드용으로 쓰인다. 칼슘, 철 등의 영양 성분이 풍부해 성장기 어린이의 골격 형성에 좋고 치아를 튼튼하게 한다. 모발을 검게 하는 효과도 있다.

치커리 · 적치커리

쌉싸래한 맛이 입맛을 돋워주는 채소로 특히 돼지고기와 잘 어울린다. 잎이 시들지 않고 연한 녹색을 띠며 잎이 넓고 줄기가 긴 것이 좋다. 적치커리는 잎의 생김새가 민들레잎과 비슷하다 하여 민들레 치커리라고 부르기도 한다. 위생팩에 넣어 냉장실에 보관한다.

샬롯

지름 5cm 정도의 미니 양파. 양파보다 단맛이 강하며 더 단단한 식감을 가졌다. 요리에 향을 더해주기 위해 사용되는 편. 샐러드에 더하면 아삭한 식감, 알싸한 맛을 내는데 효과적이다. 일반 양파나 적양파로 대체해도 좋다.

허브

루꼴라 · 와일드 루꼴라

아루굴라 또는 로켓 등으로 불리는 잎채소로 특유의 쌉싸래한 맛과 향을 가졌다. 루꼴라의 한 종류인 와일드 루꼴라는 옅은 후추 향과 같은 개운한 맛과 특유의 향이 더 강한 편. 대형마트나 백화점에서 구입할 수 있다. 구하기 어려울 경우에는 시금치나 어린잎 채소로 대체해도 된다.

파슬리(이탈리안 파슬리)

서양요리에서 가장 많이 활용되는 허브. 잎이 납작하고 향이 진한 이탈리안 파슬리를 대중적으로 사용. 쌉싸래한 맛이 있어 요리에 더하면 이국적인 맛이 난다. 대형마트나 백화점, 온라인에서 구입할 수 있다.

바질

쌉싸래하면서 달콤한 맛과 향을 가진 바질은 여름철에 풍성하게 자라며, 토마토나 과일과 특히 잘 어울린다. 백화점이나 대형마트에서도 쉽게 볼 수 있는데, 바질 화분을 사서 직접 키우면 필요할 때마다 뜯어 사용할 수 있다.

고수

독특한 향을 가진 허브. 코리엔더, 실란트로, 향차이로도 불리는데 주로 동남아, 멕시칸 요리에 사용된다. 생선 요리에 곁들이면 비린내를 없애는 역할을 하고, 드레싱이나 소스에 잎을 다져 넣으면 입맛을 돋우고 소화를 촉진하는 효과가 있다. 대형마트나 백화점에서 구입할 수 있다.

이 책에 등장하는
조금 낯선 재료들과 친해지기

치즈류

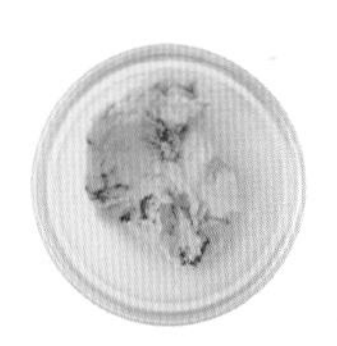

고르곤졸라 치즈

흰색이나 베이지 톤을 띠는 치즈 사이에 푸른색의 곰팡이가 대리석 무늬를 이루는 치즈. 자극적인 풍미와 독특한 감칠맛이 일품. 요리에 개성을 부여하는 치즈로 사용되며, 숙성 기간에 따라 돌체(Dolce)와 피칸테(Picante)로 나뉜다.

생 모짜렐라 치즈

이탈리아 치즈로 전통적으로는 물소의 젖으로 만들었으나 최근에는 우유로 제조하고 있다. 숙성 과정을 거치지 않아 신선한 우유 향이 나며 맛도 순한 편. 소금물에 담겨 판매된다.

파르미지아노 치즈

이탈리아 치즈의 왕으로 불리는 정통 치즈. 가열한 뒤 압착, 숙성시킨 것으로 입자가 거칠며 노란빛을 띤다. 덩어리를 갈아서 사용하며 풍미가 좋다. 그러나 파다노 치즈나 파마산 치즈가루로 대체해도 되나, 풍미의 차이가 있을 수 있다.

페타 치즈

가장 잘 알려진 그리스 치즈. 주로 양젖으로 만드는데, 소젖이나 염소젖을 섞기도 한다. 보통 커다랗게 숙성 시킨 치즈를 슬라이스한 후 다시 숙성 시키는데, 그래서 붙여진 이름이 '슬라이스'라는 뜻을 지닌 '페타'이다. 짭조름하고 강한 풍미가 특징이다. 소금에 절여진 상태로 많이 판매한다.

기타

미소된장

일본식 된장. 붉은색을 띠는 '아키미소'와 흰콩으로 만들어 노란 빛깔을 띠는 '시로미소'로 구분된다. 우리나라 된장은 콩만을 이용하는데 반해 미소는 보리나 쌀, 밀가루 등을 첨가해 달짝지근한 맛을 내는 것이 특징이다. 또한 우리 된장에 비해 향이 훨씬 연해 드레싱으로 활용하기 적합하다.

발사믹 식초

이탈리아 모데나 지방의 포도로 만든 식초로, 검은색을 띠며 특유의 진하고 단맛이 있다. 숙성기간이 길수록 깊고 풍부한 맛을 낸다.

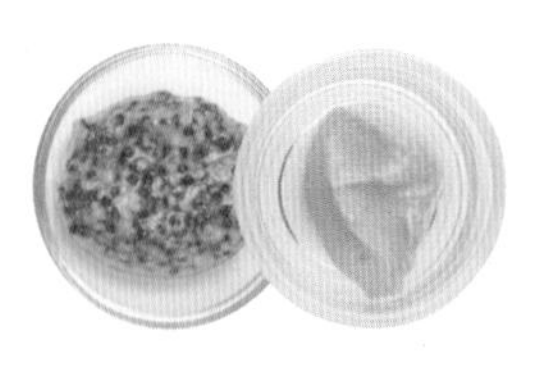

씨겨자 · 디종 머스터드

씨겨자(홀그레인 머스터드)는 겨자의 거친 입자가 그대로 있는 것으로, 고기나 소시지 등과 잘 어울린다. 디종 머스터드는 전통적인 프랑스 스타일의 겨자로 부드럽고 크리미한 질감과 맛을 가진 겨자이다.

앤초비

멸치과에 속하는 작은 생선을 포를 뜬 다음 뼈를 없앤 후 염장한 것. 주로 병이나 캔 상태로 판매한다. 우리나라의 멸치젓과 같이 강한 맛과 향을 지니고 있다. 드레싱 외에도 파스타를 만들 때 2~3마리를 더하면 요리에 더욱 깊은 맛과 감칠맛을 낼 수 있다.

적은 양으로도 드레싱, 샐러드의 맛을 확 변화시킬, 조금은 낯선 식재료를 소개합니다.
대부분의 재료는 대형마트나 백화점의 수입코너, 인터넷 쇼핑몰에서 구입할 수 있어요.

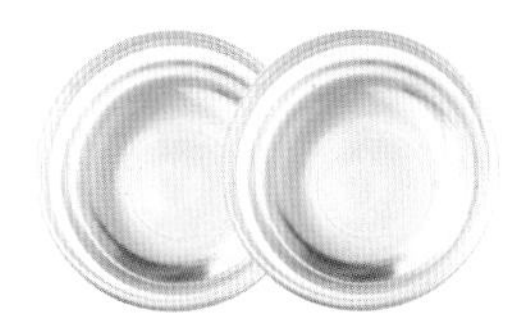

올리브유 · 포도씨유

올리브 열매에서 짜낸 기름. 압축 방식에 따라 종류가 다양한데 샐러드에는 그대로 압착해 품질이 가장 좋은 '엑스트라 버진 올리브유'를 사용하는 것이 좋다. 포도씨유는 포도씨를 압착해서 짜낸 기름으로 특유의 향이 약해 드레싱에 더했을 때 가장 무난한 편.

커리파우더

강황, 터머릭, 코리앤더, 펜넬, 겨자, 큐민 등 갖가지가 혼합된 향신료로 매운맛과 독특한 향이 있다. 탈취 효과가 있어 육류, 가금류에 잘 어울리며 소스나 볶음에 많이 이용된다. 일반 카레가루와는 전분의 유무 차이가 있다. 일반 카레가루로 대체해도 되지만 풍미의 차이가 있으므로 이왕이면 강황 함량이 높은 카레가루로 대체하자.

케이퍼 · 우메보시

케이퍼는 꽃봉우리로 담근 피클로 연어요리에 빠지지 않고 사용된다. 겨자와 같은 매운맛과 함께 상큼하고 맑은 향을 내주어 생선의 비린내를 없애고 요리의 맛을 돋운다. 우메보시는 일본의 매실 장아찌. 없다면 레몬 과육으로 대체해도 좋다.

크러시드페퍼 · 태국고추 피클

크러시드페퍼는 붉은 고추를 거칠게 부순 매운 향신료. 굵은 고춧가루로 대체해도 되나 맛과 향에서 차이가 있다. 태국고추 피클은 '쁘끼누'라 불리는 태국고추로 만든 것. 적는 양으로도 매운맛이 강하게 나지만 입안에서 매운 느낌이 오래 남지 않는 것이 특징. 청양고추로 대체해도 되나 특유의 숙성된 맛과는 차이가 있다.

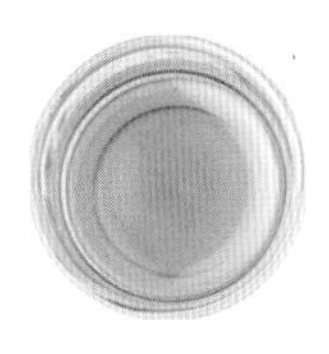

피쉬소스

멸치를 장기간 발효시켜 제조한 소스이다. 동남아 요리에 기본적으로 사용되는 소스로 요리에 사용하면 감칠맛을 돋워준다.

프로슈토

염장한 돼지 다리를 익히지 않고 말려서 만든 이탈리아 생햄이다. 슬라이스해서 햄 자체로 즐기거나 요리에 넣어 활용하기도 한다. 프로슈토 특유의 향과 짭조름한 맛, 쫄깃한 식감은 달콤한 맛과 부드러운 식감의 과일과 잘 어울린다.

호이진 소스

북경오리 요리를 먹을 때 주로 곁들이는 소스. 콩, 설탕, 통깨, 마늘, 중국 향신료를 넣어 걸쭉한 농도를 지닌 달콤한 맛의 소스이다. 돼지고기, 오리고기, 닭고기 등에 잘 어울린다. 없을 경우에는 양조간장과 설탕을 섞어 쓰면 되고, 구체적인 대체 분량은 레시피에 소개했다.

화이트와인 식초 · 레드와인 식초

와인으로 만든 식초로 일반 식초(양조식초)에 비해 부드러운 신맛과 와인향이 나며 은은한 단맛이 돈다. 드레싱은 물론 각종 요리에 식초 대신 사용이 가능하다. 없을 경우 맛과 풍미가 조금 다르지만 일반 식초를 써도 된다.

이 책의 모든 드레싱 200% 활용하기

이 책에 소개된 100가지 드레싱을 샐러드가 필요한 상황과 메뉴 종류에 따라 쉽게 찾아볼 수 있도록 정리했습니다.

- 시판 드레싱보다 더 맛있는 기본 중의 기본 드레싱 10가지

기본 마요네즈 드레싱
39p

기본 발사믹 드레싱
45p

기본 씨저 드레싱
35p

기본 오리엔탈 드레싱
(통깨 드레싱)
147p

기본 요거트 드레싱
(타임 요거트 드레싱)
55p

기본 통깨 드레싱
(통깨 간장 드레싱)
91p

기본 키위 드레싱
67p

기본 파인애플 드레싱
59p

기본 프렌치 드레싱
193p

기본 허니 머스터드
드레싱
153p

• 아이들을 위한 샐러드에 좋은 달콤한 맛의 드레싱

귤 드레싱
69p

그릭 요거트 드레싱
115p

단감 드레싱
71p

태국식 땅콩 소스
231p

땅콩 발사믹 드레싱
61p

땅콩 호이진 드레싱
211p

레몬 마요 드레싱
37p

마늘 흑초 드레싱
45p

매실청 드레싱
125p

메이플 발사믹 드레싱
65p

메이플 생크림 드레싱
51p

메이플시럽 드레싱
119p

멜론 드레싱
171p

방울토마토 올리브유 드레싱
123p

쇠고기 드레싱
99p

유자 생강청 드레싱
195p

잣 드레싱
89p

키위 드레싱
67p

파인애플 드레싱
59p

허브 요거트 딥
169p

• 어르신들도 좋아하는 익숙하고 편한 맛의 드레싱

그릭 요거트 드레싱
115p

단감 드레싱
71p

더덕 간장 드레싱
85p

들기름 드레싱
81p

들깨 드레싱
75p

방울토마토 올리브유 드레싱
123p

레몬 제스트 드레싱
47p

사과 미소된장 드레싱
105p

유자 마요 드레싱
37p

유자 생강청 드레싱
195p

유자 양파 드레싱
199p

잣 드레싱
89p

통깨 드레싱
147p

통깨 미소된장 드레싱
163p

키위 드레싱
67p

파인애플 드레싱
59p

- 기름기 많은 삼겹살, 등심 등 고기요리에 곁들이는 샐러드용 드레싱

달래 드레싱
77p

더덕 간장 드레싱
85p

마늘 레드와인 식초 드레싱
117p

매운 홍초 드레싱
95p

매콤한 발사믹 글레이즈
67p

매콤한 된장 드레싱
87p

발사믹 글레이즈
41p

살사 드레싱
135p

쌈장 드레싱
83p

스파이시 레몬 드레싱
225p

씀바귀 간장 드레싱
93p

씨겨자 드레싱
111p

연겨자 레몬 드레싱
129p

자몽 양파 드레싱
177p

통깨 간장 드레싱
91p

청양고추 간장 드레싱
95p

청양고추 드레싱
187p

칠리 드레싱
121p

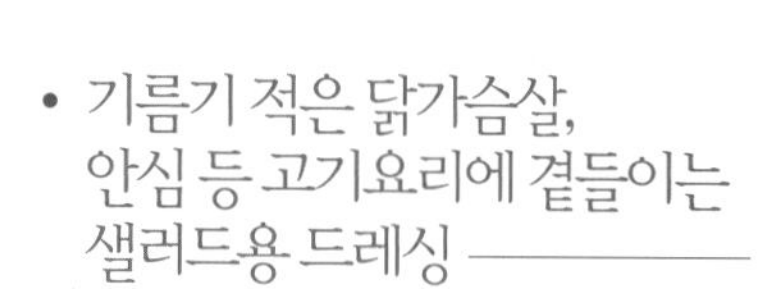

- 기름기 적은 닭가슴살, 안심 등 고기요리에 곁들이는 샐러드용 드레싱

더덕 간장 드레싱
85p

마늘 레드와인 식초 드레싱
117p

마늘 흑초 드레싱
45p

사과 미소된장 드레싱
105p

살사 드레싱
135p

수삼 요거트 드레싱
223p

스파이시 레몬 드레싱
225p

씨겨자 드레싱
111p

씨겨자 마요 드레싱
165p

씨저 드레싱
35p

양파 머스터드 드레싱
113p

커리 올리브유 드레싱
53p

토마토 소스 드레싱
127p

페스토 드레싱
197p

프렌치 드레싱
193p

• 해산물요리에 곁들이는 샐러드의 드레싱

고추냉이 오렌지주스 드레싱
183p

고추냉이 간장 드레싱
87p

고춧가루 참기름 드레싱
83p

깐풍 드레싱
173p

레몬 간장 드레싱
101p

레몬 고추냉이 드레싱
185p

레몬 드레싱
159p

레몬 제스트 드레싱
47p

매운 홍초 드레싱
95p

멜론 드레싱
171p

사과 고추장 드레싱
229p

양파 마요 드레싱
49p

연겨자 레몬 드레싱
129p

오렌지 드레싱
209p

우메보시 드레싱
214p

장아찌 트러플 드레싱
107p

초고추장 드레싱
145p

키위 드레싱
67p

허브 레몬 드레싱
55p

호스래디시 드레싱
217p

• 다이어트에 좋은 저칼로리 드레싱

감식초 드레싱
43p

구운 비트 드레싱
221p

들기름 드레싱
81p

들깨 드레싱
75p

레드와인 무화과 드레싱
139p

레몬 드레싱
159p

레몬 제스트 드레싱
47p

마늘 홍초 드레싱
97p

명란젓 드레싱
79p

미소된장 드레싱
129p

사과 미소된장 드레싱
105p

장아찌 드레싱
149p

장아찌 트러플 드레싱
107p

토마토 소스 드레싱
127p

통깨 드레싱
147p

허브 레몬 드레싱
55p

- 토마토 & 오일소스 파스타에 어울리는 드레싱

구운 비트 드레싱
221p

단감 드레싱
71p

땅콩 발사믹 드레싱
61p

레드와인 무화과 드레싱
139p

마늘 발사믹 드레싱
203p

마요네즈 드레싱
39p

고르곤졸라 치즈 드레싱
159p

생강 마요 드레싱
39p

스테이크소스 드레싱
237p

씨겨자 드레싱
111p

씨겨자 마요 드레싱
165p

씨겨자 불고기 드레싱
141p

씨저 드레싱
35p

유자 마요 드레싱
37p

타임 요거트 드레싱
55p

타페나드 소스
161p

페스토 드레싱
197p

프렌치 드레싱
193p

허니 머스터드 드레싱
153p

홍고추 드레싱
181p

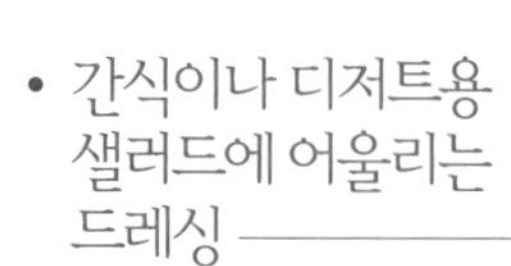

- 간식이나 디저트용 샐러드에 어울리는 드레싱

귤 드레싱
69p

땅콩 발사믹 드레싱
61p

땅콩호이진 드레싱
211p

레몬 메이플 럼 드레싱
63p

메이플 발사믹 드레싱
65p

메이플 생크림 드레싱
51p

오렌지 드레싱
209p

파인애플 드레싱
59p

피치리쿼 드레싱
63p

• 크림소스 파스타에 어울리는 드레싱

감식초 드레싱
43p

귤 드레싱
69p

마늘 레드와인 식초 드레싱
117p

마늘 흑초 드레싱
45p

매콤한 페스토 드레싱
137p

발사믹 드레싱
45p

방울토마토 올리브유 드레싱
123p

씨겨자 발사믹 글레이즈
201p

양파 머스터드 드레싱
113p

자몽 양파 드레싱
177p

청양고추 간장 드레싱
95p

칠리 드레싱
121p

토마토 소스 드레싱
127p

트러플 발사믹 드레싱
235p

파인애플 드레싱
59p

페스토 드레싱
197p

프렌치 드레싱
193p

홍고추 드레싱
181p

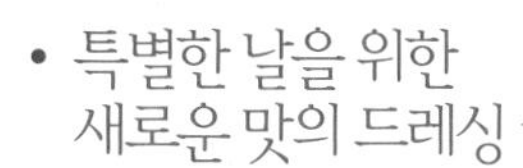

• 특별한 날을 위한 새로운 맛의 드레싱

고수 레몬 드레싱
59p

고추피클 드레싱
131p

굴소스 드레싱
91p

레몬 메이플 럼 드레싱
63p

마늘 호이진 드레싱
227p

스위트 칠리 드레싱
175p

앤초비 드레싱
155p

커리 올리브유 드레싱
53p

트러플 발사믹 드레싱
235p

피쉬소스 드레싱
133p

피치리큐 드레싱
63p

Chapter 1

파스타, 고기요리 등에 곁들이기 딱 좋은 기본 샐러드

우리 식탁에 샐러드가 가장 필요한 순간 중 하나가
고기 요리나 파스타에 곁들일 채소 요리를 만들어야
할 때가 아닐까 싶습니다. 곁들임 메뉴로 샐러드를
준비할 때는 주요리의 맛을 압도해서는 안 되지요.
그래서 묵직한 재료보다는 채소를 위주로 한
가벼운 샐러드가 좋습니다. 또한 드레싱의 맛은 기호에
따라 골라도 무방하나, 가급적 주요리와의 조화를
고려해주세요. 같은 고기라도 기름기가
많은 등심에는 식초가 들어간 개운한 맛의 드레싱이
좋고, 담백한 살코기인 안심에는 통깨 드레싱처럼
조금 무게감 있는 드레싱도 잘 어울립니다. 또한 가벼운
토마토소스 파스타에는 달콤한 요거트 드레싱을,
살짝 느끼할 수 있는 크림 소스 파스타에는 발사믹
드레싱이 제격이지요. 이렇듯 다양한 주요리에
어울리는 간단한 기본 샐러드를 여기에 소개했으니
주요리의 맛과 기호를 고려해 다양하게 매칭해보세요.

씨저 샐러드

1920년대 멕시코에서 씨저 카디니란 사람이 처음 만들면서 이름 붙여진 샐러드예요.
로메인, 달걀노른자, 바삭한 크루통, 파르미지아노 치즈가 들어간 것이 기본인데요,
여기에 닭가슴살이나 스테이크만 구워서 곁들여도 손님 초대용으로 근사하게 즐길 수 있답니다.

20~25분
2~3인분

- 로메인 16~18장(180g)
- 베이컨 약 4줄(50g)
- 파르미지아노 치즈 약간 (또는 파마산 치즈가루)
  ★ 재료 설명 24쪽
- 식빵 2장
- 올리브유 1큰술
- 소금 1/2작은술

01

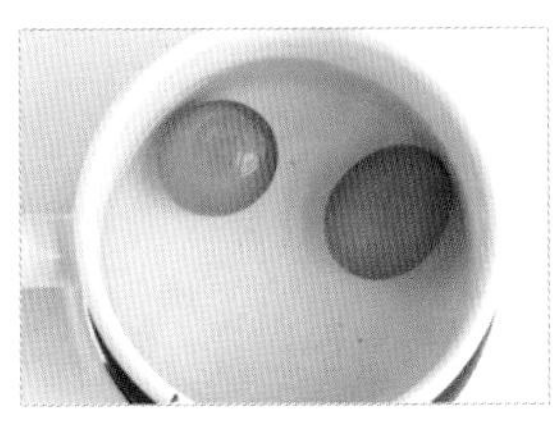

끓는 물에 드레싱 재료의 달걀을 넣고 2분간 삶은 후 껍질을 벗긴다. 한 김 식힌 후 노른자만 따로 둬 드레싱을 만든다.

02

로메인은 찬물에 씻은 후 한입 크기로 뜯어 체에 밭쳐 물기를 뺀다.
오븐은 200℃로 예열한다.

03

식빵은 사방 1cm 크기로 썰고, 베이컨은 2cm 두께로 썬다.
파르미지아노 치즈는 필러로 얇게 슬라이스한다.

04

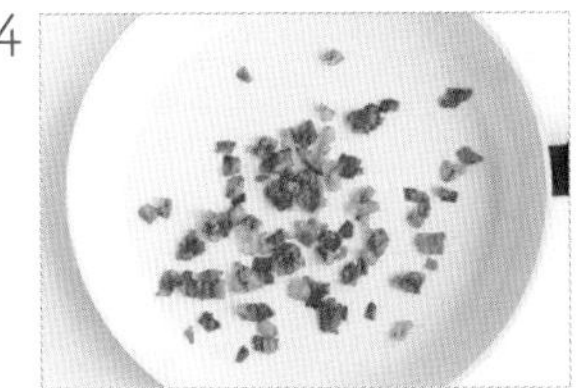

중약 불로 달군 팬에 베이컨을 넣고 5분간 바삭하게 볶는다.
키친타월에 올려 기름기를 뺀다.

05

볼에 식빵, 올리브유, 소금을 넣고 섞은 후 오븐 팬에 담는다.
예열된 오븐의 가운데 칸에서 5~7분간 바삭하게 구워 크루통을 만든다.

06

볼에 로메인, 드레싱을 넣고 버무린 후 그릇에 담는다.
크루통, 베이컨, 파르미지아노 치즈를 뿌린다.

Salad Tip

오븐 대신 팬으로 크루통을 만들려면?

과정 ⑤를 진행한다. 달군 팬에 넣고 약한 불에서 뒤집어가며 4~5분간 노릇하게 굽는다.

크루통 자른 빵을 바삭하게 구운 것. 주로 샐러드나 수프에 곁들인다.

드레싱 먼저 만들기

+씨저 드레싱

❶ 끓는 물에 달걀을 넣고 2분간 삶아 건진다. 한 김 식힌 후 노른자만 따로 둔다(과정 ①번).

❷ 볼에 올리브유를 제외한 재료를 넣고 섞은 후 올리브유를 넣어 한번 더 섞는다.

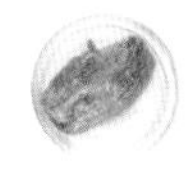

달걀노른자 2개 + 다진 앤초비 3마리
★ 재료 설명 24쪽

파르미지아노 치즈 2큰술 (또는 파마산 치즈가루)
★ 재료 설명 24쪽
+ 발사믹 식초 1작은술

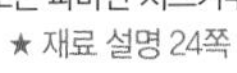

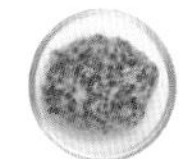

레몬즙 1큰술 + 씨겨자 1작은술 (또는 머스터드)
★ 재료 설명 24쪽

다진 마늘 1작은술 + 올리브유 2큰술

=

Dressing Tip

앤초비가 없다면 생략해도 좋다.
단, 앤초비의 짠맛이 생략되면서 드레싱이 싱거울 수 있으므로 마지막에 소금으로 부족한 간을 더한다.

월도프 샐러드

뉴욕의 월도프 아스토리아 호텔에서 처음 만들어진 월도프 샐러드는 셀러리, 사과, 호두가 들어간 마요네즈 드레싱의 샐러드예요. 현재는 미국뿐만 아니라 세계적으로 사랑받는 샐러드가 되었지요.

양상추 웨지 샐러드

유자향이 상큼한 마요 드레싱을 곁들인 샐러드예요. 양상추를 웨지 모양으로 큼직하게 썬 덕분에 썰어 먹는 재미도 있지요. 재료가 간단해 사이드 샐러드로 즐기기 좋고, 훈제연어를 곁들이면 손님 초대용 샐러드로도 손색이 없답니다.

10~15분
2~3인분

- 양상추 1/2통(250g)
- 적양파 1/4개(또는 양파, 50g)
- 셀러리 20cm(30g)
- 사과 1/2개(100g)
- 볶은 호두 1큰술
  ★ 견과류 볶기 15쪽
- 말린 크랜베리 2큰술
  (또는 다른 말린 과일)

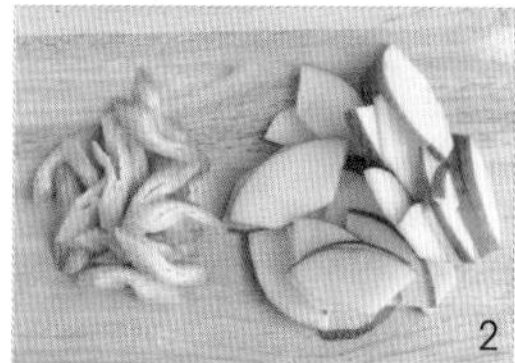

[월도프 샐러드]

01 양상추는 찬물에 씻은 후 한입 크기로 뜯어 체에 밭쳐 물기를 뺀다. 적양파는 가늘게 채 썬다.

02 셀러리는 필러로 섬유질을 벗긴 후 0.3cm 두께로 어슷 썬다. 사과는 씨 부분을 제거하고 0.3cm 두께로 썬다.

03 그릇에 모든 재료를 담고 드레싱을 곁들인다.

+ 레몬 마요 드레싱

볼에 재료를 모두 넣고 섞는다.

레몬즙 2큰술

+

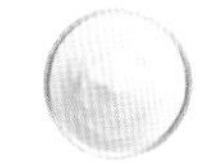
마요네즈 5큰술

소금 1/2작은술

+

올리고당 2큰술

=

10~15분
2~3인분

- 양상추 1/2통(250g)
- 볶은 헤이즐넛 3큰술
  (또는 다른 견과류, 25g)
  ★ 견과류 볶기 15쪽
- 베이컨 칩 1큰술
  ★ 만들기 15쪽
- 블랙올리브 10개(생략 가능)

[양상추 웨지 샐러드]

01 양상추는 찬물에 담갔다가 건져낸다. 큼직하게 웨지로 썰어 모양이 흐트러지지 않게 둔다.

02 블랙올리브는 0.3cm 두께로 썬다.

03 그릇에 모든 재료를 담고 드레싱을 뿌린다.

드레싱 먼저 만들기

+ 유자 마요 드레싱

볼에 재료를 모두 넣고 섞는다.

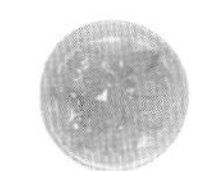
유자청 2큰술

마요네즈 5큰술

소금 1/2작은술

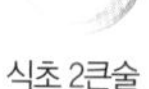
식초 2큰술

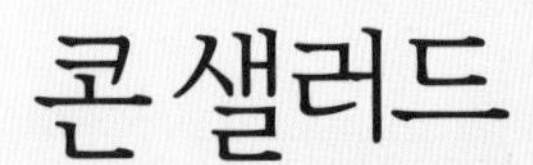

햄버거나 샌드위치, 닭튀김 등에
곁들이기 좋은 샐러드입니다.
옥수수의 물기를 싹 없애준 다음
드레싱과 버무려 냉장실에서 숙성시키면
맛이 더욱 좋아진답니다.

코울슬로

양배추와 적양배추를 가늘게 채 썬 후
소금에 절여 수분을 없앴어요.
그 덕에 아삭한 식감이 참 좋은 코울슬로이지요.

10~15분
2~3인분

- 통조림 옥수수 2캔(400g)
- 빨간 파프리카 1/2개(100g)
- 셀러리 20cm(30g)
- 양파 1/2개(100g)

1

2

[콘 샐러드]

01 통조림 옥수수는 체에 밭쳐 국물을 없앤다.
파프리카는 사방 0.5cm 크기로 다진다.

02 셀러리는 필러로 섬유질을 벗긴다.
셀러리, 양파는 파프리카와 같은 크기로 다진다.

03 볼에 준비한 채소와 드레싱을 넣고 버무린다.

+ 마요네즈 드레싱

볼에 재료를 모두 넣고 섞는다.

마요네즈 5큰술
+

설탕 1큰술
+

소금 1/2작은술

레몬즙 1큰술
+
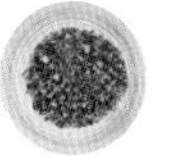
통후추 간 것 약간
=

드레싱 먼저 만들기

15~20분
2~3인분

- 양배추 6장(손바닥 크기, 180g)
- 적양배추 6장(손바닥 크기, 180g)
- 양파 1/2개(100g)
- 캐슈너트 3큰술
(또는 다른 견과류, 25g)
- 소금 1큰술

1

4

[코울슬로]

01 양배추, 적양배추, 양파는 가늘게 채 썬 후
소금과 버무려 5분간 둔다.

02 캐슈너트는 굵게 다진다.

03 ①의 채소에서 물기가 나오면 찬물에 헹군 후 꼭 짠다.

04 볼에 준비한 채소, 드레싱을 넣고 버무려 그릇에 담고
캐슈너트를 뿌린다.

+ 생강 마요 드레싱

❶ 다진 생강 2큰술에 물 2큰술을 섞은 후
체에 밭쳐 생강즙을 만든다.
❷ 볼에 재료를 모두 넣고 섞는다.

생강즙 2큰술

마요네즈 5큰술
+

설탕 1큰술

소금 1/2작은술

식초 1큰술
=

구운 채소 샐러드

반찬에 주로 사용하는 꽈리고추를 주키니와 함께 구워서 샐러드로 즐겨보세요.
채소는 굽게 되면 단맛이 더 살아나 고기 요리에 곁들이기 좋지요. 먹기 전에 바로 구워 따뜻하게 즐기면 더욱 맛있답니다.

25~30분
2~3인분

- 쌈 채소 70g
- 주키니 1/2개(200g)
- 양파 1/2개(100g)
- 꽈리고추 20개(100g)
- 파르미지아노 치즈 약간
  (또는 파마산 치즈가루, 생략 가능)
  ★ 재료 설명 24쪽
- 식용유 2큰술
- 소금 약간
- 통후추 간 것 약간

01

쌈 채소는 찬물에
씻은 후 한입 크기로 뜯어
체에 밭쳐 물기를 뺀다.

02

주키니는 6cm 길이로 썬다.
길게 반을 가른 후 0.5cm 두께로
납작하게 썬다. 양파는 0.8cm 두께의
링 모양으로 썬다.

03

꽈리고추는 꼭지를 없앤다.
파르미지아노 치즈는
필러로 얇게 슬라이스한다.

04

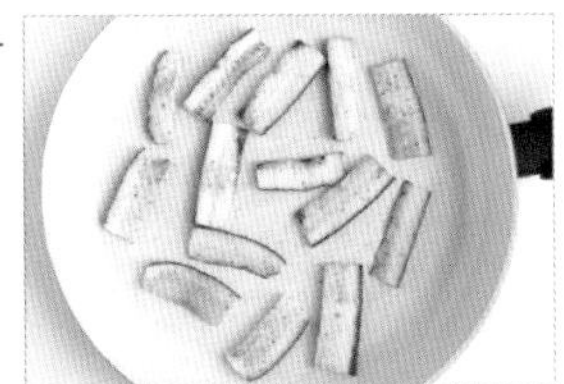

달군 팬(또는 그릴 팬)에 식용유
1큰술, 주키니, 소금, 통후추 간 것을
넣고 센 불에서 앞뒤로 각각
30~40초씩 노릇하게 구운 후 덜어둔다.

05

달군 팬에 식용유 1큰술, 양파,
꽈리고추, 소금, 통후추 간 것을
넣는다. 센 불에서 앞뒤로
각각 1분~1분 30초씩 노릇하게 굽는다.

06

그릇에 구운 채소, 쌈 채소를
올린 후 드레싱,
파르미지아노 치즈를 뿌린다.

Salad Tip

이 샐러드에 어울리는 다른 재료들 돼지호박이라고도 불리는 주키니는 애호박보다 크고 씨가 적어
구워 먹기 적당하다. 하지만 호박 자체의 단맛이나 부드러운 식감은 애호박이 더 좋은 편.
애호박, 파프리카, 버섯, 단호박 등을 구워도 잘 어울린다.

+발사믹 글레이즈

❶ 작은 냄비에 재료를
모두 넣고 섞는다.
❷ 중약 불에서 저어가며
드레싱의 양이 반으로
줄어들 때까지 7~10분간 졸인다.

올리고당 3큰술

+

소금 1/2작은술

+

발사믹 식초 1/2컵

=

방울토마토 마리네이드

방울토마토의 껍질을 벗긴 후 새콤달콤한 드레싱에 절인 샐러드입니다.
모양도 예쁘고, 맛도 좋아서 남녀노소 모두가 좋아하는 샐러드이고요,
가볍고 깔끔한 맛 덕분에 파스타나 스테이크에 자주 곁들이게 되지요.

20~25분
2~3인분

- 방울토마토 40개(600g)
- 어린잎 채소 1줌(20g)
- 양파 1/2개(100g)

+감식초 드레싱

볼에 포도씨유를 제외한 재료를 섞은 후 포도씨유를 넣고 한번 더 섞는다.

감식초 3큰술
(또는 식초 2큰술 + 설탕 2작은술)

+

설탕 1큰술

+

소금 1작은술

+

다진 파슬리 1큰술(생략 가능)

+

다진 마늘 2작은술

+

포도씨유 3큰술
(또는 카놀라유)

||

01

방울토마토는 껍질을 벗긴다.
★ 방울토마토 껍질 벗기기 15쪽

02

어린잎 채소는 찬물에 씻어
체에 밭쳐 물기를 빼고,
양파는 잘게 다진다.

03

볼에 방울토마토, 양파,
드레싱을 넣어 버무린 후
냉장실에 20분간 둔다.
★ 하루 전날 만들어 두면 더 맛있다.

04

그릇에 담고 어린잎 채소를 올린다.
★ 보관 도중 ③의 볼에 생긴 물도
모두 그릇에 담는다.

Salad Tip

방울토마토 대신 큰 토마토를 사용할 때는? 같은 방법으로 칼집을 낸 후 끓는 물에 데쳐 껍질을 벗긴다. 위생팩에 드레싱, 토마토를 통째로 담아 냉장실에 넣어둔다. 먹기 직전에 토마토를 한입 크기로 썬다.

토마토 샐러드

노화를 막아주는 라이코펜이 듬뿍 들어있는 토마토 샐러드예요. 상큼한 드레싱과 잘 어우러져 어떤 음식에 곁들여도 입맛을 돋운답니다.

콜리 샐러드

콜리플라워와 브로콜리를 새콤한 드레싱에 버무렸어요. 냉장실에 넣어두면 2~3일간 보관 가능하며 스테이크나 파스타를 먹을 때 피클처럼 곁들여도 좋답니다.

⏰10~15분
🥕 2~3인분

- 토마토 2개(300g)
- 방울토마토 10개(150g)
- 양파 1/2개(100g)
- 이탈리안 파슬리 4줄기
  (또는 셀러리 잎, 생략 가능)
  ★ 재료 설명 23쪽
- 소금 2작은술

1

2

[토마토 샐러드]

01 토마토는 한입 크기로 썰고, 방울토마토는 2등분한 후
소금을 뿌린다. ★ 소금을 뿌려두면 수분이 빠져나오고
토마토가 더욱 달고 맛있어진다.

02 양파는 가늘게 채 썰고, 파슬리는 잎만 떼어 둔다.

03 ①의 토마토는 체에 밭쳐 물기를 뺀 다음
양파, 파슬리와 함께 드레싱에 버무린 후 그릇에 담는다.

드레싱 먼저 만들기

+발사믹 드레싱

볼에 올리브유를 제외한 재료를 넣고
섞은 후 올리브유를 넣고 한번 더 섞는다.

발사믹 식초 3큰술 + 설탕 1큰술 + 소금 1/2작은술

다진 양파 1큰술 + 올리브유 2큰술 =

⏰15~20분
🥕 2~3인분

- 콜리플라워 1개(300g)
- 브로콜리 1/3개(100g)
- 양파 1/4개(50g)
- 검은깨(또는 통깨) 2큰술

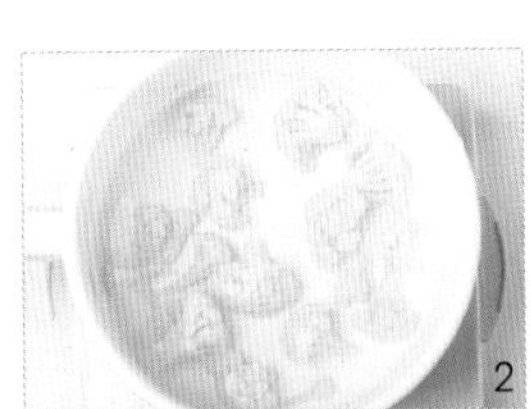
2

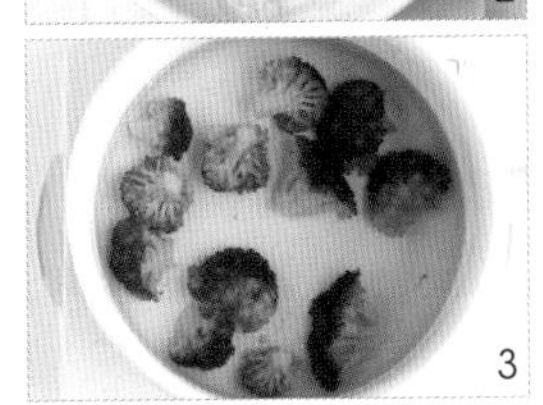
3

[컬리 샐러드]

01 콜리플라워, 브로콜리를 한입 크기로 썬다.
양파는 가늘게 채 썬다.

02 끓는 물(6컵) + 소금(2작은술)에 콜리플라워를 넣고
20초간 데친다. 찬물에 헹군 후 체에 밭쳐 물기를 뺀다.

03 ②의 끓는 물에 브로콜리를 넣고 20초간 데쳐
찬물에 헹군 후 체에 밭쳐 물기를 뺀다.
★ 큰 냄비를 사용한다면 콜리플라워와 함께 데쳐도 좋다.

04 볼에 모든 재료, 드레싱으로 넣고 버무려 그릇에 담는다.

드레싱 먼저 만들기

+마늘 흑초 드레싱

볼에 올리브유를 제외한 재료를 넣고
섞은 후 올리브유를 넣고 한번 더 섞는다.

다진 마늘 4작은술 + 흑초 4큰술 (또는 식초 3큰술 + 설탕 1큰술) + 소금 2작은술

설탕 2작은술 + 올리브유 2큰술 =

갈릭 브로콜리 웜 샐러드

흔히들 브로콜리는 데쳐서 차가운 샐러드에 많이 이용하지요? 브로콜리를 따뜻하게 구워 먹어도 새롭답니다. 마늘로 향을 더해 구운 브로콜리를 스테이크에 곁들여보세요. 맛뿐만 아니라 영양도 채울 수 있어서 훌륭한 사이드 메뉴가 되지요.

참치 아보카도 루꼴라 샐러드

샐러드에 단백질 재료를 곁들이고 싶은데 마땅히 준비한 게 없다? 그럴 때는 통조림 참치를 추천해요. 통조림 참치는 프랑스나 이탈리아, 미국에서 샐러드에 자주 이용하는 재료랍니다. 아보카도와 루꼴라를 곁들여 간단하고도 멋스러운 샐러드를 함께 만들어 볼까요?

10~15분
2~3인분

- 브로콜리 1개(300g)
- 마늘 5쪽
- 올리브유 4큰술
- 크러시드페퍼 약간
  ★ 재료 설명 25쪽
- 소금 1 작은술
- 통후추 간 것 약간

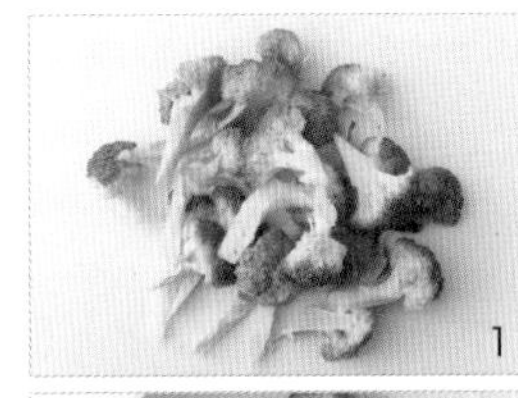

[갈릭 브로콜리 웜 샐러드]

01 브로콜리는 줄기까지 살려서 길게 썬다.

02 마늘은 편 썬다.

03 달군 팬에 올리브유, 브로콜리, 소금, 통후추 간 것을 넣고 중간 불에서 2분간 볶는다.

04 마늘, 크러시드페퍼를 넣고 2분간 볶는다.

05 그릇에 담고 드레싱을 곁들인다.

드레싱 먼저 만들기

+발사믹 글레이즈

❶ 작은 냄비에 재료를 모두 넣고 섞는다.
❷ 중약 불에서 저어가며 드레싱의 양이 반으로 줄어들 때까지 5~7분간 졸인다.

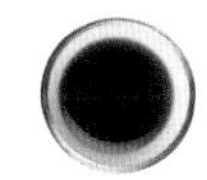 +  + 

발사믹 식초 1/4컵 / 올리고당 1과 1/2큰술 / 소금 1/4작은술

= 

15~20분
2~3인분

- 와일드 루꼴라 1과 1/2줌(75g)
  ★ 재료 설명 23쪽
- 통조림 참치 1캔(100g)
- 아보카도 1/2개(손질 후, 80g)
- 양파 1/4개(50g)
- 페타 치즈 40g
- 올리브유 3큰술
- 통후추 간 것 약간

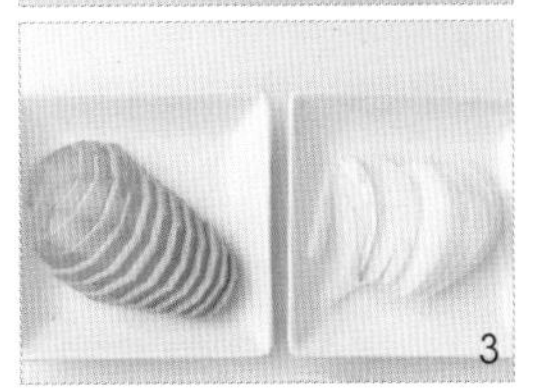

[참치 아보카도 루꼴라 샐러드]

01 와일드 루꼴라는 찬물에 씻어 체에 밭쳐 물기를 뺀다.

02 통조림 참치는 체에 밭쳐 기름기를 뺀다

03 아보카도는 껍질을 벗긴 후 0.5cm두께로 썬다.
양파는 가늘게 채 썬다. ★ 아보카도 손질하기 15쪽

04 그릇에 루꼴라, 참치, 아보카도, 양파, 페타 치즈를 담고 올리브유, 통후추 간 것을 끼얹는다. 드레싱을 곁들인다.

드레싱 먼저 만들기

+레몬 제스트 드레싱

볼에 재료를 모두 넣고 섞는다.

 +  + 

레몬 제스트 1큰술 (노란 껍질만 벗겨 잘게 다진 것) ★ 만들기 13쪽 / 레몬즙 6큰술 / 설탕 2큰술

+ 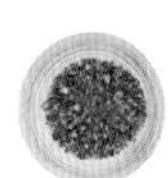  = 

소금 1작은술 / 통후추 간 것 약간

알감자 샐러드

고기 요리에 곁들이기 좋은 샐러드예요.
감자의 부드러운 맛을 잘 느낄 수 있고
드레싱에 양파, 쪽파를 더해 느끼하지 않답니다.
샐러드로 먹고 남았다면 감자를 다진 후
빵에 넣어 샌드위치로도 응용해보세요.

35~40분
2~3인분

- 알감자 25개(500g)
- 마늘 3쪽
- 쪽파 3줄기(30g)
- 베이컨 약 4줄(50g)
- 소금 1작은술
- 통후추 간 것 약간

01

냄비에 알감자, 잠길 만큼의 물, 소금(1큰술), 마늘을 넣고 센 불에서 끓어오르면 25~30분간 삶는다. 알감자만 체에 밭쳐 물기를 뺀다.
★ 마늘을 함께 삶으면 알감자에 마늘향이 스며들어 더 맛있다.

02

쪽파는 송송 썬다.
베이컨은 2cm 두께로 썬다.

03

중약 불로 달군 팬에 베이컨을 넣고 5분간 바삭하게 볶는다.
키친타월에 올려 기름기를 뺀다.

04

알감자는 뜨거울 때 2등분한 다음 볼에 넣는다. 드레싱 3큰술, 소금 1작은술을 넣어 버무린다.
★ 알감자가 뜨거울 때 버무려야 드레싱이 더 잘 어우러진다.

05

쪽파, 베이컨, 통후추 간 것, 남은 드레싱을 넣어 버무린다.

드레싱 먼저 만들기

+양파 마요 드레싱

볼에 재료를 모두 넣고 섞는다.

다진 양파 4큰술

+

마요네즈 4큰술

+

설탕 2작은술

+

소금 1/2작은술

+

레몬즙 1큰술

=

Salad Tip

이 샐러드에 어울리는 다른 재료들

알감자 대신 동량(500g)의 감자, 고구마, 단호박 등을 익힌 후 한입 크기로 썰어 사용해도 좋다.

고구마 샐러드

말린 과일을 듬뿍 넣어 씹는 맛이 좋은 고구마 샐러드예요.
스테이크에 통고구마 대신 부드러운 고구마 샐러드를
곁들여보세요. 빵이나 크래커와 함께 먹으면
든든한 한 끼 식사로도 손색이 없지요.

30~35분
2~3인분

- 고구마 2~3개(600g)
- 말린 크랜베리 4큰술 (또는 건포도, 40g)
- 말린 파인애플 2개 (또는 말린 망고, 40g)

01

고구마는 반으로 썰어 김이 오른 찜기에 넣고 25~30분간 찐다. 껍질을 벗기고 볼에 담아 뜨거울 때 으깬다.

02

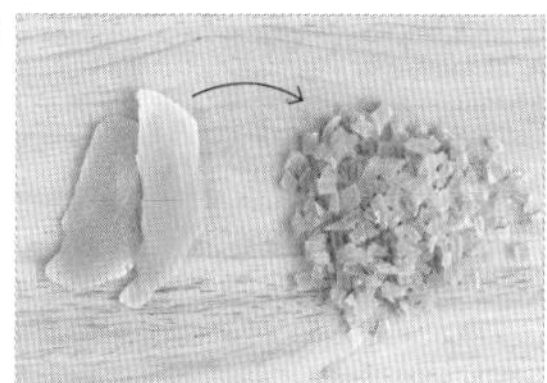

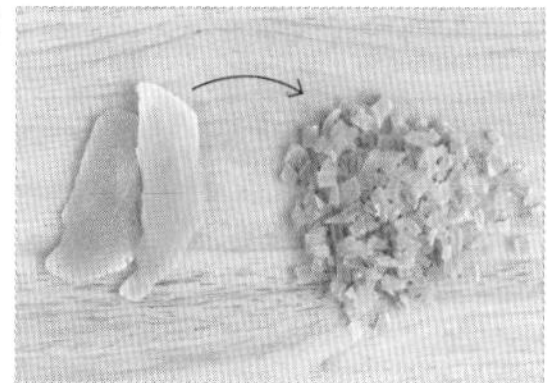

말린 파인애플은 굵게 다진다.

03

①의 볼에 말린 크랜베리, 말린 파인애플, 드레싱을 넣어 버무린다.

드레싱 먼저 만들기

+메이플 생크림 드레싱

볼에 재료를 모두 넣고 섞는다.
★ 고구마의 당도에 따라 메이플시럽의 양을 가감한다.

메이플시럽 2큰술 (또는 올리고당, 꿀)

+

생크림 4큰술(또는 우유)

+

소금 1작은술

||

Salad Tip

이 샐러드에 어울리는 다른 재료들 & 풍미 더하기 고구마 대신 동량(600g)의 단호박을 사용해도 잘 어울린다. 과정 ③에서 시나몬파우더 약간을 더하면 풍미가 훨씬 더 좋아진다.

뿌리채소구이 샐러드

섬유질이 풍부한 뿌리채소인 고구마, 비트, 당근을 오븐에 구워 드레싱을 뿌려 먹는 샐러드예요.
이들 채소는 커리파우더에 버무려 구워 담백하면서도 이국적인 향을 느낄 수 있지요.
떠먹는 플레인 요거트를 곁들이면 간식으로도 좋습니다.

20~25분
2~3인분

- 고구마 약 1/3개(70g)
- 당근 약 1/3개(70g)
- 비트 약 1/2개(80g)
- 커리파우더 1작은술 (또는 카레가루, 기호에 따라 가감)
  ★ 재료 설명 25쪽
- 소금 1작은술
- 통후추 간 것 약간
- 올리브유 2큰술
- 말린 파슬리 약간(생략 가능)

01

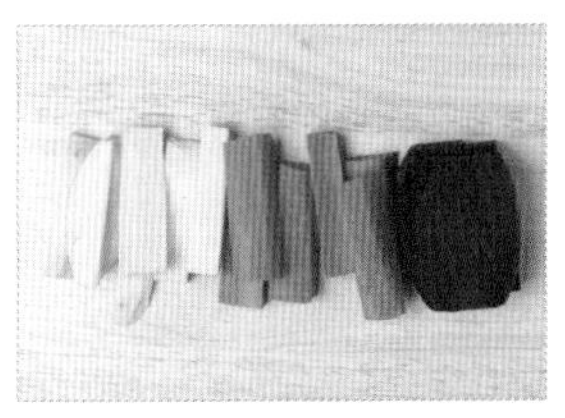

고구마, 당근, 비트는 껍질을 벗긴 후 1.5cm 두께로 길게 썬다.

02

오븐은 220℃로 예열한다. 볼에 ①의 채소, 커리파우더, 소금, 통후추 간 것, 올리브유를 넣고 버무린다.

03

오븐 팬에 종이 포일을 깔고 ②를 펼쳐 올린다. 예열된 오븐의 가운데 칸에서 20~25분간 굽는다.

04

그릇에 뿌리채소를 담고 말린 파슬리를 뿌린 후 드레싱을 곁들인다.

+커리 올리브유 드레싱

볼에 올리브유를 제외한 재료들을 넣고 섞은 후 올리브유를 넣어 한번 더 섞는다.

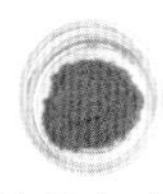

커리파우더 1작은술
(또는 카레가루)
★ 재료 설명 25쪽

+

설탕 1작은술

+

식초 1큰술

+

다진 양파 1작은술

+

다진 파슬리 1큰술(생략 가능)

+

올리브유 2작은술

||

Salad Tip

커리파우더가 없을 때 대체하는 방법은? 강황, 터머릭, 코리앤더, 펜넬, 겨자, 큐민 등 갖가지 향신료가 혼합된 것. 대형마트, 백화점, 온라인몰에서 구입할 수 있다. 동량(1작은술)의 카레가루로 대체해도 좋다. 단, 강황 함량이 높을수록 풍미가 진하므로 강황이 많이 들어있는 카레가루로 구입하자.

그릭 샐러드

그리스의 여름 샐러드로 오이, 토마토, 그리고
그리스의 대표 식재료인 올리브와 페타 치즈가
들어간 것이 특징이에요. 깔끔하고 질리지 않는 샐러드라
다양한 서양 요리와 두루두루 어울린답니다.

주키니 리본 샐러드

주키니와 당근을 얇게 슬라이스하여
새콤하게 즐기는 샐러드입니다.
주키니, 당근을 생으로 더해 색깔이
예쁠 뿐만 아니라 식감이 아삭해
요거트 드레싱과도 잘 어울리지요.

⏰ 10~15분
🥕 2~3인분

- 오이 1개(200g)
- 토마토 1개(150g)
- 적양파 1/2개(또는 양파, 100g)
- 블랙올리브 6개
- 그린올리브 6개
- 페타 치즈 50g

★ 재료 설명 24쪽

1

2

[그릭 샐러드]

01 오이는 길이로 2등분한 후 0.7cm 두께로 썬다.
토마토는 6~8등분한다.
적양파는 0.5cm 두께의 링 모양으로 썬다.

02 볼에 모든 재료, 드레싱을 넣고 버무린 후 그릇에 담는다.

+허브 레몬 드레싱

볼에 올리브유를 제외한 재료를 넣고 섞은 후
올리브유를 넣고 한번 더 섞는다.

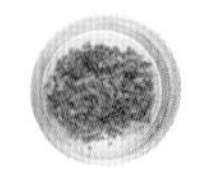
말린 오레가노 1/2작은술
(또는 말린 파슬리)

\+

레몬즙 2큰술

\+

설탕 2작은술

소금 1/2작은술

\+

다진 양파 1큰술

\+

올리브유 2큰술

=

⏰ 15~20분
🥕 2~3인분

- 주키니 1/2개
(길이로 자른 것, 200g)
- 당근 1/4개
(길이로 자른 것, 50g)
- 해바라기씨(또는 잣) 1큰술
- 영양부추 약간(생략 가능)
- 레몬즙 2큰술
- 소금 1/2작은술

1

2

[주키니 리본 샐러드]

01 주키니, 당근은 필러로 길고 얇게 슬라이스한다.
레몬즙, 소금과 버무려 5분간 둔다.

02 영양부추는 송송 썬다.

03 그릇에 주키니, 당근을 담고 영양부추, 해바라기씨를
뿌린 후 드레싱을 곁들인다.

+타임 요거트 드레싱

볼에 올리브유를 제외한 재료를 넣고 섞은 후
올리브유를 넣어 한번 더 섞는다.

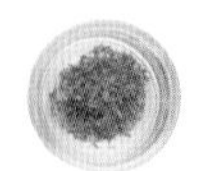
말린 타임 1/2작은술
(또는 다른 말린 허브)

\+

떠먹는 플레인 요거트
4큰술

\+

설탕 2작은술

소금 1/2작은술

\+

레몬즙 1큰술

\+

다진 양파 2작은술

올리브유 1큰술

=

Dressing Tip

타임은 달콤한 향을 가진 허브이다. 말린 타임은 대형마트나 백화점,
온라인에서 구입 가능하며, 다른 말린 허브로 대체할 수 있다.

타불레 샐러드

타불레 샐러드는 아랍권에서 즐겨먹는 샐러드인데요, 재료에 해산물이나 고기가 들어있지 않아
전 세계 베지테리언들에게 사랑받는 샐러드이기도 합니다. 애플민트와 파슬리가 레몬 제스트 드레싱과 어우러져
리프레시 되는 느낌의 산뜻한 샐러드이지만, 쿠스쿠스 덕분에 적당한 포만감도 함께 느낄 수 있어요.

20~25분
2~3인분

- 쿠스쿠스 1/3컵(40g)
- 오이 1개(200g)
- 토마토 1개
  (또는 방울토마토 15개, 150g)
- 양파 약 1/3개(70g)
- 애플민트 5~6줄기
- 이탈리안 파슬리 2줄기
  ★ 재료 설명 23쪽
- 올리브유 2큰술
- 소금 약간

01
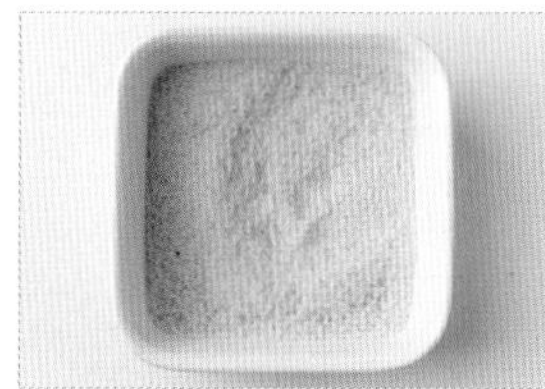
내열용기에 쿠스쿠스, 동량의 끓는 물을 담는다. 뚜껑을 덮고 3~4분간 그대로 둬 익힌다.

02

포크로 살살 섞어 뭉친 부분이 없도록 한다.

03

오이, 토마토, 양파는 사방 1cm 크기로 썬다.

04

애플민트, 파슬리는 잎만 떼어낸 후 굵게 다진다.

05

볼에 준비한 재료, 올리브유, 드레싱을 넣고 버무린 후 그릇에 담는다. 소금으로 부족한 간을 더한다.

드레싱 먼저 만들기

+레몬 제스트 드레싱

볼에 재료를 모두 넣고 섞는다.

레몬 제스트 1큰술
(노란 껍질만 벗겨 잘게 다진 것)
★ 만들기 13쪽

+

레몬즙 6큰술

+

설탕 2큰술

+

소금 1작은술

+

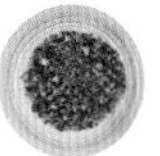
통후추 간 것 약간

||

훈제치즈 파인애플 샐러드

은은한 훈제 향의 치즈와 달콤한 파인애플이
잘 어우러진 샐러드입니다.
먹고 남은 샐러드는 호밀빵에 올려
오픈 샌드위치로 먹어도 맛있어요.

멕시칸 빈 샐러드

블랙빈을 듬뿍 넣고 아삭한 채소와
함께 버무린 샐러드입니다.
고수 덕분에 이국적인 맛이 나지요.
고수의 향이 부담스럽다면 생략하거나
셀러리 잎을 대신 더해도 좋아요.

15~20분
2~3인분

1

- 로메인 4장(40g)
- 쌈 채소 30g
- 파인애플링 1개(100g)
- 훈제치즈 30g
  (또는 슬라이스 치즈 1과 1/2장)
- 땅콩 1큰술

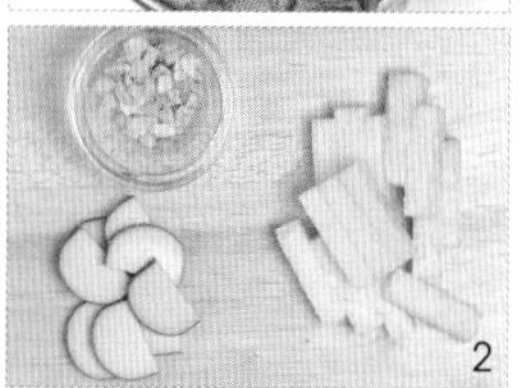

2

[훈제치즈 파인애플 샐러드]

01 로메인, 쌈 채소는 찬물에 씻은 후 한입 크기로 뜯어 체에 밭쳐 물기를 뺀다.

02 훈제치즈는 0.3cm 두께로 썰고, 땅콩은 굵게 다진다. 파인애플은 1×5cm 크기 막대 모양으로 썬다.

03 그릇에 모든 재료를 담고 드레싱을 뿌린다.

Salad Tip

훈제치즈 치즈를 훈연한 제품. 슬라이스하여 치즈 그대로 즐기기에 제격. 브리 치즈, 까망베르 치즈로 대체해도 좋다.

드레싱 먼저 만들기

+ 파인애플 드레싱

작은 믹서에 포도씨유를 제외한 재료를 넣고 곱게 간 후 포도씨유를 넣어 한번 더 섞는다.

 + 

파인애플링 1/2개(50g) + 설탕 4작은술 + 소금 1작은술

 +  +   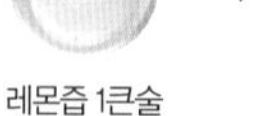 

식초 2큰술 + 레몬즙 1큰술 + 다진 양파 1큰술

  = 

포도씨유 1큰술
(또는 카놀라유)

15~20분
2~3인분

1

- 통조림 블랙빈 1/4캔
  (또는 통조림 강낭콩, 100g)
- 통조림 옥수수 1/2캔(100g)
- 노란 파프리카 약 1/3개(60g)
- 양파 1/4개(50g)
- 토마토 1개(150g)
- 고수 약간(또는 셀러리, 생략 가능) ★ 재료 설명 23쪽

2

[멕시칸 빈 샐러드]

01 블랙빈, 옥수수는 각각 체에 밭쳐 국물을 없앤다.

02 파프리카, 양파, 토마토는 사방 1cm 크기로 썬다. 고수는 잎만 떼어둔다.

03 볼에 모든 재료를 넣고 버무린다.

Salad Tip

고수가 없을 때 대체하는 방법은? 동량의 셀러리 잎으로 대체해도 좋다.

드레싱 먼저 만들기

+ 고수 레몬 드레싱

볼에 포도씨유를 제외한 재료를 모두 넣고 섞은 후 포도씨유를 넣고 한번 더 섞는다.

 +  + 

다진 고수 3큰술 (또는 셀러리 잎, 생략 가능) ★ 재료 설명 23쪽 + 레몬즙 3큰술 + 설탕 4작은술

 +  + 

소금 1작은술 + 다진 양파 1큰술 + 다진 청양고추 1큰술

 +  =

다진 마늘 1작은술 + 포도씨유 2큰술 (또는 카놀라유)

구운 허브빵 샐러드

빵 굽는 냄새는 정말 고소하죠?
거기에 향긋한 허브까지 곁들였답니다.
허브 대신 다진 마늘을 발라서
마늘빵을 만들거나, 파마산 치즈가루와 버무려
치즈빵을 만들어 샐러드에 더해도 좋습니다.

- 20~25분
- 2~3인분

- 양상추 3~4장(50g)
- 쌈 채소 30g
- 곡물빵 2조각
- 말린 파슬리 1/2작은술 (생략 가능)
- 소금 1/3작은술
- 올리브유 2큰술

01

양상추, 쌈 채소는 찬물에 씻은 후 한입 크기로 뜯어 체에 밭쳐 물기를 뺀다.

02

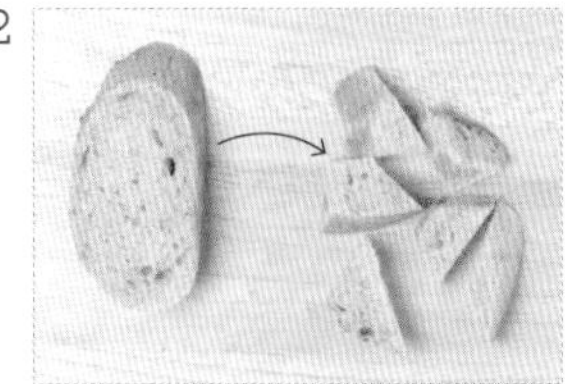

곡물빵은 한입 크기로 썬다.

03

오븐은 200℃로 예열한다. 볼에 곡물빵, 말린 파슬리, 소금, 올리브유를 넣어 버무린다.

04

오븐 팬에 ③을 펼쳐 올린다. 예열한 오븐의 가운데 칸에서 8~10분간 노릇하게 굽는다.

05

그릇에 양상추, 쌈 채소, ④의 허브빵을 담고 드레싱을 뿌린다.

+땅콩 발사믹 드레싱

작은 믹서에 올리브유를 제외한 재료를 넣고 간 후 올리브유를 넣어 한번 더 섞는다.

땅콩 20알

+

발사믹 식초 3큰술

+

설탕 4작은술

+

소금 2/3작은술

+

다진 양파 1큰술

+

올리브유 3큰술

||

Salad Tip

오븐 대신 팬으로 크루통을 만들려면?
과정 ③을 진행한 후 달군 팬에 넣고 약한 불에서 4~5분간 뒤집어가며 앞뒤로 노릇하게 굽는다.
다양한 허브 활용하기 말린 파슬리, 오레가노, 타임, 로즈메리 등을 섞어도 좋고, 한 가지만 사용해도 된다.

Dressing Tip

땅콩은 캐슈너트, 아몬드 등 다른 견과류로 대체해도 좋다.

수박 멜론 샐러드

여름철 수박과 멜론은 그냥 먹어도 맛있지만,
럼으로 만든 드레싱을 뿌려 새롭고 세련된 맛의
샐러드로 즐길 수 있지요. 디저트로 즐기면
입안을 깔끔하게 마무리해준답니다.
참, 와인 안주로도 좋아요.

오렌지 자몽 샐러드

새콤한 오렌지와 자몽은
입맛을 돋워주는 과일이죠.
느끼한 음식에 곁들이면
좋은데요, 드레싱에
알코올이 들어갔으니
아이들에게 줄 때는
주의하세요.

10~15분
2~3인분

- 수박 과육 200g
- 멜론 과육 200g(또는 참외)
- 애플민트 약간(생략 가능)

1

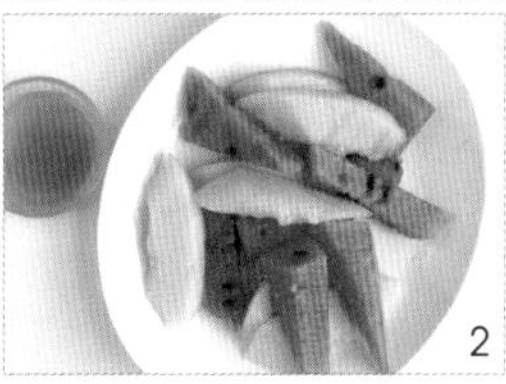
2

[수박 멜론 샐러드]

01 멜론, 수박은 큼직하게 썰고, 애플민트는 잘게 다진다.

02 그릇에 과일, 드레싱을 담은 후 애플민트를 올린다.

+ 레몬 메이플 럼 드레싱

볼에 재료를 모두 넣고 섞는다.

레몬즙 1큰술

+

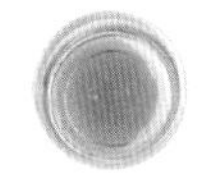
메이플시럽 1큰술

럼 1큰술

=

Dressing Tip

럼은 사탕수수를 발효, 증류하여 만든 술. 주로 칵테일이나 디저트의 재료로 많이 사용된다. 럼이 없다면 레드와인이나 복분자주 4큰술 + 설탕 2큰술 + 레몬즙 1큰술 + 정향 1개(생략 가능)를 살짝 끓인 후 식혀서 활용해도 좋다.

10~15분
2~3인분

- 오렌지 1개
- 자몽 2개
- 애플민트 약간(생략 가능)

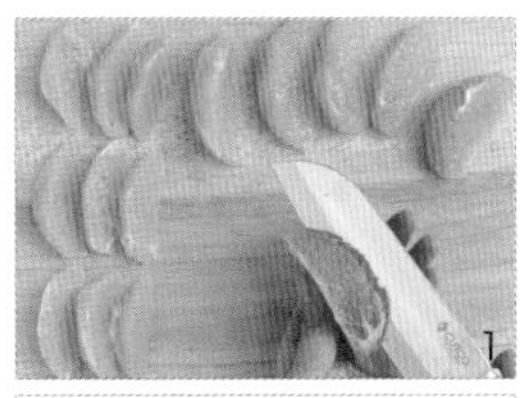
1

2

[오렌지 자몽 샐러드]

01 오렌지, 자몽은 과육만 발라낸다.
★ 오렌지, 자몽 과육 발라내기 13쪽

02 그릇에 오렌지, 자몽을 담고, 드레싱을 뿌린다. 애플민트를 곁들인다.

+ 피치리큐 드레싱

볼에 재료를 모두 넣고 섞는다.

피치리큐 1큰술

+

설탕 1큰술

레몬즙 1/2큰술

=

Dressing Tip

피치리큐는 복숭아를 더한 술의 종류. 피치리큐가 없다면 레드와인이나 복분자주 4큰술 + 설탕 2큰술 + 레몬즙 1큰술 + 정향 1개(생략 가능)를 살짝 끓인 후 식혀서 활용해도 좋다.

스트로베리 샐러드 요거트 볼

철이 지나 싱겁고 신맛이 강한 딸기라도
맛있게 먹을 수 있는 샐러드예요.
팬케이크나 프렌치토스트와 함께
브런치로 즐기면 좋습니다.

사과 비트 샐러드

비트는 러시아에서 장수 식품으로
알려져 있는 뿌리채소입니다.
빨간 색감이 식욕을 자극하는데요,
사과와 함께 채 썰어 드레싱에 버무린 후
다양한 고기 요리와 곁들이면
더욱 근사한 식탁을 차릴 수 있답니다.

5~10분
2~3인분

- 딸기 10~12개
- 블루베리 1/2컵(50g)
- 그릭 요거트 1통(450g, 또는 떠먹는 플레인 요거트)
- 그래놀라 1컵
- 애플민트 3줄기(생략 가능)

1

3

[스트로베리 샐러드 요거트 볼]

01 딸기는 꼭지를 떼고 4등분한다.

02 딸기, 블루베리를 드레싱과 버무린다.

03 볼에 그릭 요거트, ②의 딸기와 블루베리를 담고 그래놀라, 애플민트를 곁들인다.

Salad Tip

이 샐러드에 어울리는 다른 재료들

딸기, 블루베리 대신 망고, 파인애플, 산딸기, 청포도 등을 더해도 잘 어울린다.

드레싱 먼저 만들기

+메이플 발사믹 드레싱

볼에 재료를 모두 넣고 섞는다.

메이플시럽 1과 1/2큰술(또는 꿀) +  발사믹 식초 1큰술 =  

5~20분
2~3인분

- 사과 1/2개(100g)
- 비트 1개(160g)
- 호박씨 4큰술 (또는 다른 견과류)
- 설탕 1큰술
- 소금 1/2작은술
- 애플민트 약간(생략 가능)

1

2

[사과 비트 샐러드]

01 비트는 필러로 껍질을 벗긴다. 사과와 비트는 0.3cm 두께로 채 썬다.

02 볼에 사과, 비트, 설탕, 소금을 담고 버무려 5분간 둔다.

03 드레싱을 더해 버무린 후 그릇에 담고 호박씨, 애플민트를 곁들인다.

드레싱 먼저 만들기

+레몬 제스트 드레싱

볼에 재료를 모두 넣고 섞는다.

레몬 제스트 1큰술 (노란 껍질만 벗겨 잘게 다진 것 ★ 만들기 13쪽) + 레몬즙 6큰술 + 설탕 2큰술

소금 1작은술 + 통후추 간 것 약간 = 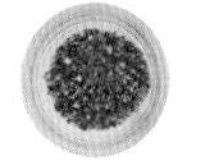 

구운 파프리카 토마토 샐러드

파프리카와 방울토마토는 생으로 먹어도 맛있지만,
익히면 단맛이 배가 돼요. 오븐에 구운 후 발사믹 글레이즈를
곁들여보세요. 단맛이 매력적인 웜 샐러드가 완성된답니다.
베지테리언도 부담 없이 즐기기 좋은 샐러드지요.

햄 키위 샐러드

키위는 상큼한 맛이 좋아서
샐러드에 더하기 참 적합한
과일이에요. 게다가 단백질
분해 효소가 들어 있어 해산물이나
고기 요리에 곁들이면 소화에도
도움을 주지요. 묵직한 메인 메뉴에
곁들여 보세요.

⏰25~30분
🥕 2~3인분

- 빨간 파프리카 2개(400g)
- 방울토마토 13개(200g)
- 블랙올리브 6개
- 잣 2큰술
- 다진 마늘 1작은술
- 이탈리안 파슬리 1줄기
  ★ 재료 설명 23쪽
- 올리브유 2큰술
- 소금 1/2작은술
- 통후추 간 것 약간

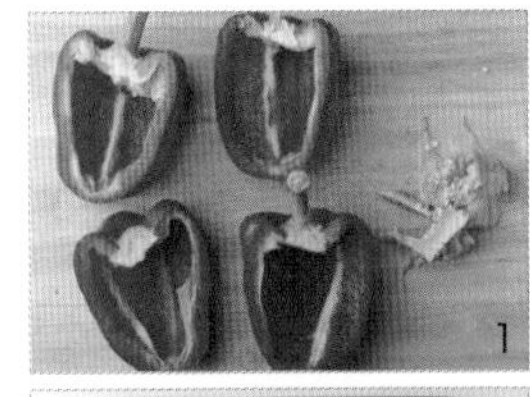

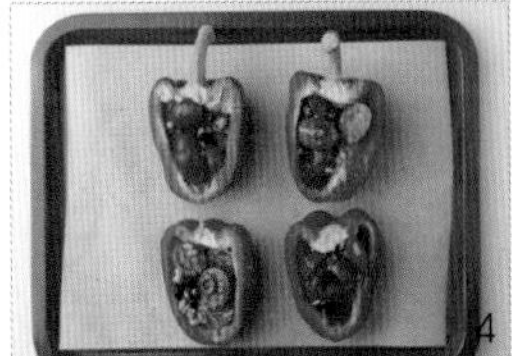

[구운 파프리카 토마토 샐러드]

01 오븐은 200℃로 예열한다.
파프리카는 길이로 2등분한 후 속을 파낸다.

02 방울토마토는 2등분하고, 블랙올리브는 0.3cm 두께로 썬다.
파슬리는 잘게 다진다.

03 볼에 방울토마토, 블랙올리브, 잣, 다진 마늘, 다진 파슬리,
소금을 넣고 버무린다.

04 오븐 팬에 ①의 파프리카를 올리고 ③을 나눠 담는다.
통후추 간 것, 올리브유를 뿌린다.

05 예열된 오븐의 가운데 칸에서 15~18분간 굽는다.
그릇에 담고 드레싱을 뿌린다.

드레싱 먼저 만들기

+매콤한 발사믹 글레이즈

❶ 작은 냄비에 발사믹 식초, 설탕, 소금을 섞은 후
약한 불에서 저어가며 드레싱의 양이 반으로
줄어들 때까지 8~10분간 졸인다.
❷ 크러시드페퍼, 올리브유를 섞는다.

⏰10~15분
🥕 2~3인분

- 로메인 5장(50g)
- 비트 잎 4장(40g)
- 키위 2개(180g)
- 적양파 1/4개(또는 양파, 50g)
- 샌드위치용 햄 7장
- 캐슈너트 2큰술

[햄 키위 샐러드]

01 로메인, 비트 잎은 찬물에 씻은 후 한입 크기로 뜯어
체에 밭쳐 물기를 뺀다.

02 키위는 길이로 6등분한다.

03 적양파는 가늘게 채 썰고, 햄은 적당한 크기로 찢는다.

04 그릇에 모든 재료를 담고 드레싱을 곁들인다.

드레싱 먼저 만들기

+키위 드레싱

작은 믹서에 포도씨유를 제외한 재료를 넣고 곱게 간 후
포도씨유를 넣고 한번 더 섞는다.

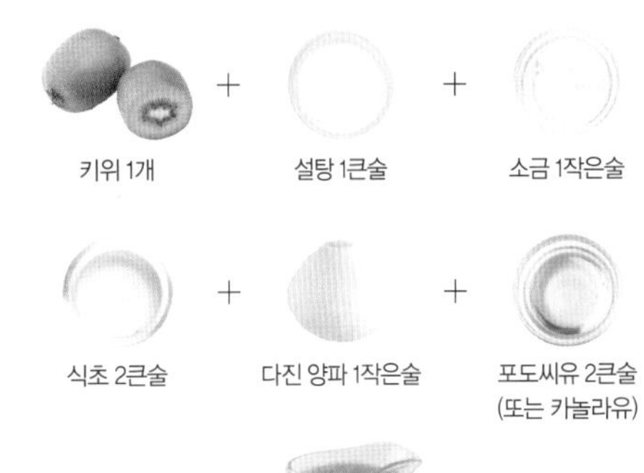

귤 샐러드

아이들이 참 좋아하는 새콤달콤한 통조림 귤이 들어간 샐러드입니다.
향긋한 귤 드레싱은 맛이 깔끔해 어떤 요리에도 잘 어울리지요.
귤이 제철일 때에는 통조림 말고 생과일 귤을 사용해도 좋아요.

⏰ 20~25분
🥕 2~3인분

- 통조림 귤 16~17조각(130g)
- 양상추 8장(120g)
- 오이 1/4개(50g)

01

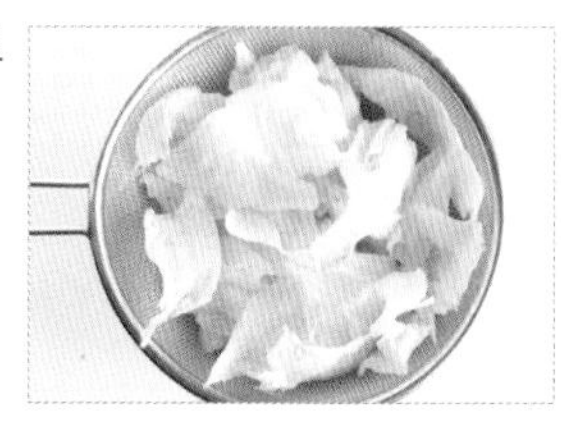

양상추는 찬물에 씻은 후
한입 크기로 뜯어
체에 받쳐 물기를 뺀다.

02

오이는 5cm 길이로 썰어
돌려 깎은 후 가늘게 채 썬다.

03

그릇에 양상추, 오이, 귤을
담고 드레싱을 뿌린다.

+ 귤 드레싱

작은 믹서에 포도씨유를 제외한
재료를 넣고 곱게 간 후
포도씨유를 넣고 한번 더 섞는다.

통조림 귤 8~9조각(70g)

+

설탕 1큰술

+

소금 2/3작은술

+

레몬즙 2큰술

+

다진 양파 1작은술

+

포도씨유 1큰술
(또는 카놀라유)

||

Salad Tip

이 샐러드에 어울리는 견과류 토핑 만들기 피칸, 호두 등의 견과류를 팬에 살짝 볶아 곁들여도 좋다(15쪽).
또는 견과류를 달걀흰자, 설탕과 버무린 다음 오븐에 구운 후 더하면
특유의 떫은맛이 없어지고, 단맛과 바삭한 식감이 더해진다(만들기 71쪽).

단감 샐러드

피부 미용에 좋은 비타민 A와 C가 풍부한 단감을 넣은 샐러드예요. 아삭하고 달콤한 단감과 쌉쌀한 치커리가 잘 어울리지요. 드레싱에도 단감을 넣어 더욱 달콤하게 즐길 수 있답니다.

30~35분
2~3인분

- 단감 1개(200g)
- 양상추 3장(50g)
- 치커리 6~7장(20g)
- 피칸 35개(또는 호두, 60g)

- 달걀흰자 1/2개분
- 설탕 2큰술
- 소금 1/4작은술

01

양상추, 치커리는 찬물에 씻은 후 한입 크기로 뜯어 체에 밭쳐 물기를 뺀다.

02

오븐은 160℃로 예열한다. 볼에 달걀흰자, 설탕, 소금을 넣고 섞은 후 피칸을 넣어 버무린다.

03

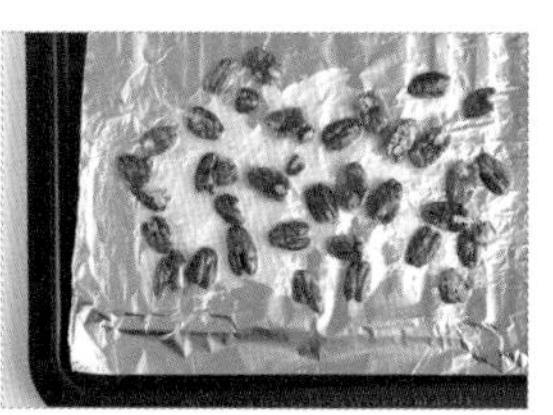

오븐 팬에 쿠킹포일을 깔고 피칸을 펼친다. 예열된 오븐의 윗칸에서 10~15분간 바삭하게 구운 후 식힌다.

04

단감은 0.3cm 두께로 썬다.

05

그릇에 단감, 양상추, 치커리를 담고 피칸을 곁들인 후 드레싱을 뿌린다.

+단감 드레싱

작은 믹서에 포도씨유를 제외한 재료를 넣고 곱게 간 후 포도씨유를 넣고 한번 더 섞는다.

단감 1/4개(50g)

+

감식초 2큰술
(또는 식초 1큰술 + 설탕 2작은술)

+

설탕 2작은술

+

소금 1작은술

+

다진 양파 1작은술

+

포도씨유 1큰술
(또는 카놀라유)

||

Chapter 2

한식 밥상에 올리기 좋은 밥 반찬 샐러드

서양의 대표 채소 요리인 샐러드. 하지만 간장, 된장, 고춧가루 등 우리 양념으로 맛을 낸 한식 샐러드를 만나는 것이 전혀 낯설지 않은 요즘입니다. 건강에 대한 관심이 증가하고, 채소 섭취에 대한 필요성을 실감하게 되면서 그러한 거겠지요. 또 샐러드를 마치 반찬처럼 즐기면서 그렇기도 하고요.
반찬 샐러드의 주재료로 추천하는 채소는 봄에는 달래, 냉이, 두릅, 참나물 등의 봄나물, 여름에는 오이, 부추, 애호박, 가지 등의 여름 채소, 가을과 겨울에는 마, 더덕, 연근, 당근 등의 뿌리채소와 단맛이 좋은 시금치랍니다. 여기에 고기나 제철 해산물을 곁들이면 이보다 푸짐한 반찬이 없답니다. 한식 샐러드를 준비할 때는 특히 드레싱의 간을 신경 써야 하는데요, 애피타이저로는 조금 심심하게, 반찬으로는 조금 간간하게 만드세요. 물론 더 건강을 위한다면 반찬 샐러드도 최대한 심심하게 간을 해서 채소 그대로를 더 접하길 권합니다.

두부튀김 참나물 샐러드

부드러운 두부를 바삭하게 튀겨 참나물에 곁들인 샐러드예요.
특히 어른들이 좋아하지요. 고소한 들깨 드레싱과 향긋한
참나물이 잘 어울려 반찬은 물론이고 일품요리로도 좋답니다.

20~25분
2~3인분

- 두부 1/2모(150g)
- 참나물 2줌(100g)
- 양파 1/2개(100g)
- 녹말가루 3큰술
- 소금 1/2작은술
- 식용유 1/2컵

01

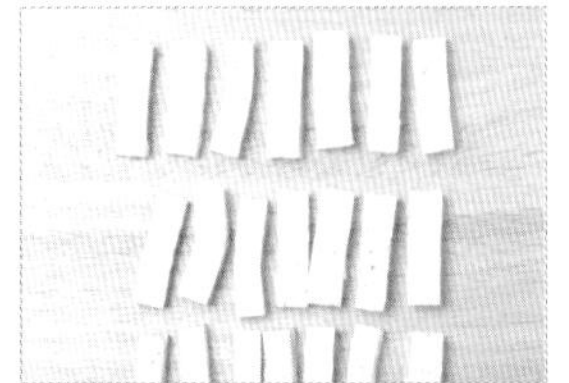

두부는 1.5×4cm 크기로 썬 후 소금을 뿌린다. 물기가 생기면 키친타월로 물기를 없앤다.

02

참나물은 4cm 길이로 썬다. 양파는 가늘게 채 썰어 찬물에 담가 매운맛을 뺀 후 체에 밭쳐 물기를 없앤다.

03

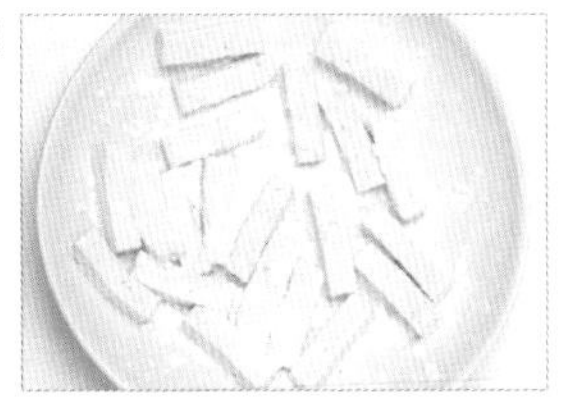

그릇에 녹말가루, 두부를 넣고 골고루 묻힌다.

04

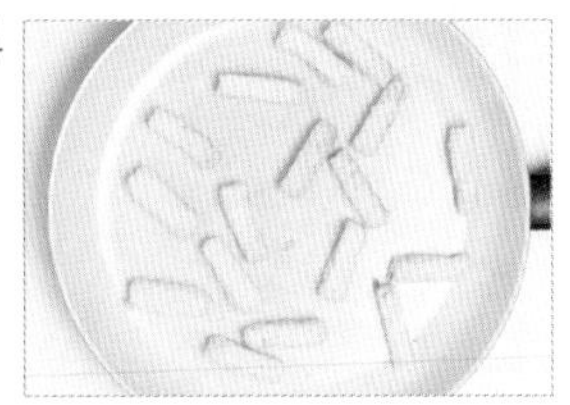

달군 팬에 식용유, 두부를 넣어 중간 불에서 3분~3분 30초간 튀기듯이 구운 후 키친타월에 올려 기름기를 뺀다. ★ 식용유의 양은 두부가 1/3정도 잠길 정도가 적당하다.

05

그릇에 참나물, 양파, 두부, 드레싱을 담는다.

+ 들깨 드레싱

작은 믹서에 포도씨유를 제외한 재료를 넣고 간 후 포도씨유를 넣어 한번 더 섞는다.

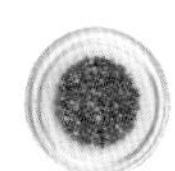

들깨 2큰술(또는 들깻가루)

+

설탕 2작은술

+

양조간장 2큰술

+

식초 1큰술

+

맛술 1큰술

+

포도씨유 2큰술
(또는 카놀라유)

||

Salad Tip

이 샐러드에 어울리는 다른 재료들 참나물 대신 향이 좋은 쑥갓, 깻잎 등을 더해도 좋다. 칼로리를 낮추고 싶다면 기름에 구운 두부 대신 생식 두부를 곁들인다.

감자채 달래 샐러드

살짝 데쳐낸 아삭한 감자채와 입맛을 정리해주는 알싸한 달래의 맛이 잘 어울리는 샐러드예요. 드레싱이 새콤해 고기 요리에 곁들이면 잘 어울리지요.
그동안 감자채 볶음 반찬만 만나봤다면, 감자채 달래 샐러드로 새롭게 즐겨보세요.

⏰ 20~25분
🥕 2~3인분

- 감자 1과 1/2개(300g)
- 달래 2줌(100g)
- 홍고추 1개

01

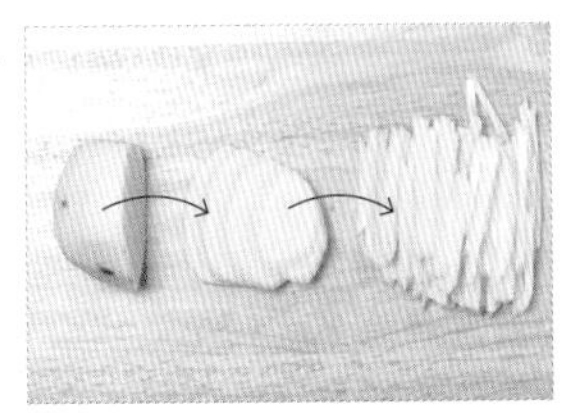

감자는 0.5cm 두께로
가늘게 채 썬다.

02

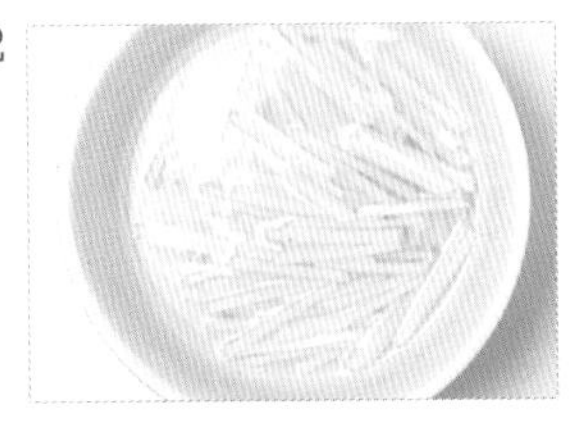

볼에 감자, 잠길 만큼의 물을 넣어
10분간 둬 감자의 전분기를 뺀다.

03

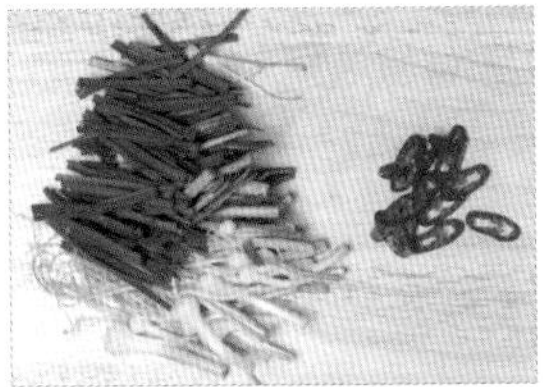

달래는 둥근 알뿌리의 껍질을
벗기고 씻은 다음 5cm 길이로
썬다. 홍고추는 송송 썬다.

04

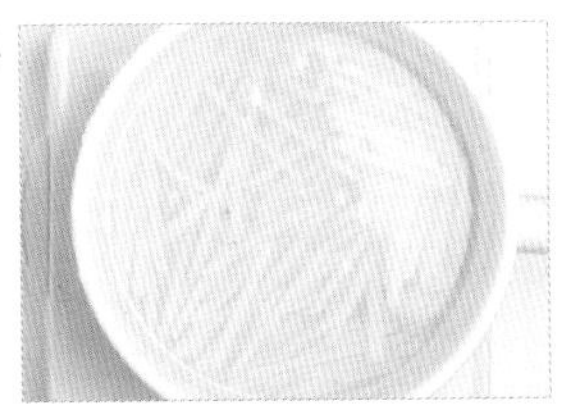

끓는 물(6컵) + 소금(2작은술)에
감자를 넣어 1분간 살짝 데친 후
키친타월로 감싸 물기를 완전히
없앤다. ★ 감자의 물기를 완전히
없애야 샐러드가 싱거워지지 않는다.

05

볼에 감자, 달래, 홍고추, 드레싱을
넣고 버무린다.

+달래 드레싱

볼에 포도씨유, 참기름을 제외한
재료를 넣고 섞은 후 포도씨유,
참기름을 넣어 한번 더 섞는다.

다진 달래 2~3줄기(15g)

+

설탕 1큰술

+

소금 1/2작은술

+

식초 4작은술

+

양조간장 1작은술

+

포도씨유 1큰술
(또는 카놀라유)

+

참기름 1큰술

||

Salad Tip

더 맛있고 예쁘게 만드는 포인트 드레싱과 버무린 후 기호에 따라 간을 더하고 싶다면
간장이 아닌 소금으로 부족한 간을 맞춰야 색감이 예쁘다.

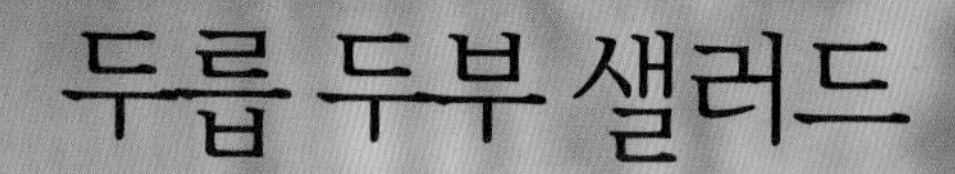

두릅 두부 샐러드

주로 데쳐서 초고추장에 찍어 먹는 두릅을 샐러드로 만들었어요.
향긋하고 쌉쌀한 두릅을 살짝 데친 후 담백한 두부와 짭조름한 명란젓 드레싱을 넣고
버무린, 입맛을 제대로 돋우는 고급스러운 반찬 샐러드랍니다.

25~30분
2~3인분

- 두릅 10개(200g)
- 두부 1/3모(100g)
- 소금 1작은술
- 통깨 1큰술

01

두릅은 밑동을 없앤 후 껍질을 벗긴다. 끓는 물(6컵) + 소금(2작은술)에 넣고 1분~1분 30초간 데친다.
★ 두릅은 데칠 때 밑동부터 넣는다.

02

헹군 후 키친타월로 감싸 물기를 완전히 없앤다. 두꺼운 두릅은 길이로 2등분한다.
★ 두릅의 물기를 완전히 없애야 샐러드가 싱거워지지 않는다.

03

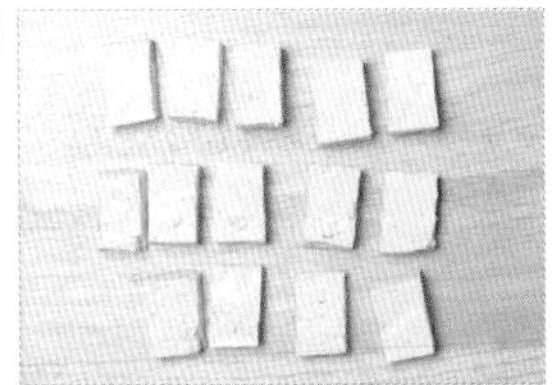

두부는 한입 크기로 썬 후 소금을 뿌린다. 물기가 생기면 키친타월로 물기를 없앤다.

04

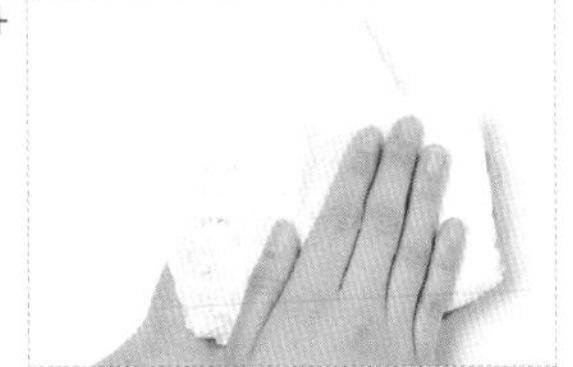

키친타월로 두부를 감싸 꼭꼭 눌러가며 으깬다.

05

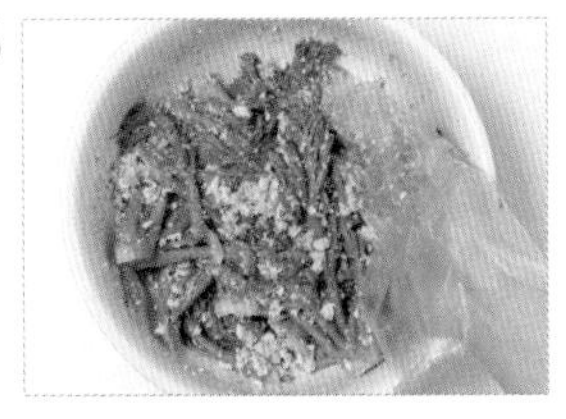

볼에 두릅, 두부, 통깨를 넣고 무친 후 드레싱과 섞는다.

+명란젓 드레싱

❶ 명란젓의 겉껍질을 없앤다.
❷ 통깨는 손으로 으깬다.
❸ 볼에 참기름을 제외한 재료를 넣고 섞은 후 참기름을 넣고 한번 더 섞는다.

명란젓 1/2개(30g)

+

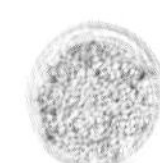

통깨 1큰술

+

양조간장 4작은술

+

맛술 4작은술

+

다진 마늘 1/2작은술

+

참기름 1큰술

=

Salad Tip

싱싱한 두릅 고르는 법 4~5월이 제철인 두릅은 특유의 쌉쌀한 맛이 있어 입맛을 돋우는데 좋은 봄나물이다. 땅에서 나는 땅두릅과 나무에서 나는 참두릅으로 구분되며, 밑동이 두툼하고 마르지 않고 촉촉한 것으로 고르는 것이 좋다.

냉이 오징어 샐러드

평범한 된장찌개도 냉이 한 줌만 더하면 봄 내음 물씬 나는 특별한 된장찌개가 되지요. 그만큼 냉이와 된장은 참 잘 어울리는데요, 데친 냉이, 아삭한 양상추, 쫄깃한 오징어에 된장이 들어간 들기름 드레싱을 곁들이니 훌륭한 반찬 겸 일품요리 샐러드가 되었습니다.

004

25~30분
2~3인분

- 냉이 2줌(100g)
- 양상추 7장(100g)
- 오징어 1마리(손질 후, 180g)

01

양상추는 찬물에 씻은 후 한입 크기로 뜯어 체에 밭쳐 물기를 뺀다.

02

냉이는 시든 잎을 없애고 씻는다. 끓는 물(6컵) + 소금(2작은술)에 넣고 15초간 데친 후 찬물에 헹군 다음 체에 밭쳐 물기를 뺀다.

03

오징어 몸통은 0.5cm 두께의 링 모양으로 썰고, 다리는 한입 크기로 썬다. 끓는 물에 15~20초간 데친 후 찬물에 헹궈 물기를 뺀다.
★ 오징어 손질하기 14쪽 참고

04

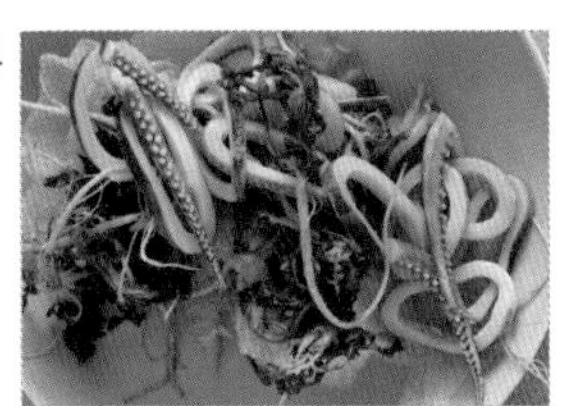

그릇에 냉이, 양상추, 오징어를 담고 드레싱을 곁들인다.

드레싱 먼저 만들기

+ 들기름 드레싱

볼에 들기름을 제외한 재료를 넣고 섞은 후 들기름을 넣어 한번 더 섞는다.

된장 1큰술
(염도에 따라 가감)

+

설탕 2작은술

+

맛술 2작은술

+

식초 1큰술

+

다진 마늘 1/2작은술

+

들기름 2큰술(또는 참기름)

||

Salad Tip

이 샐러드에 어울리는 다른 재료들 오징어 대신 동량의 한치를 더해도 좋다.
냉이 손질하는 법 뿌리에 흙, 이물질이 많은 편이므로 물에 담가 5~10분 정도 둬 불순물을 불린 다음 그대로 살살 흔들어준다. 시든 잎을 떼어낸 후 칼로 잔뿌리를 긁어내고 흐르는 물에 한번 더 씻는다.

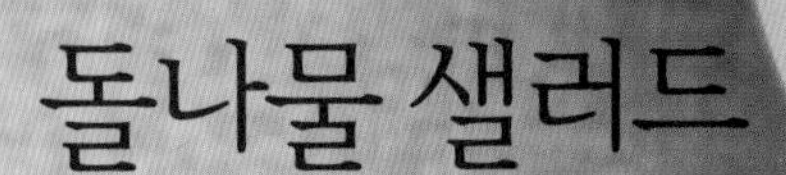

돌나물 샐러드

간단하게 초고추장만 뿌려 먹어도
맛이 좋은 돌나물에 씹는 재미가 있는
북어채를 잘게 찢어 곁들이니 반찬으로 내기에
손색이 없는 샐러드가 되었답니다.

삼겹살을 곁들인 알배기배추 샐러드

삼겹살에 단맛이 좋은 알배기배추와 짭조름한 세발나물로 만든
샐러드를 곁들였어요. 반찬은 물론 막걸리 안주로도 제격입니다.
삼겹살 대신 목살이나 안심을 구워 곁들여도 좋아요.

15~20분
2~3인분

- 돌나물 5줌(125g)
- 양파 1/2개(100g)
- 북어채 1컵(30g)
- 맛술 1큰술
- 참기름 1큰술
- 양조간장 1/2작은술

1

2

[돌나물 샐러드]

01 돌나물은 한입 크기로 뜯고, 양파는 가늘게 채 썰어 찬물에 담가 매운맛을 뺀 후 체에 밭쳐 물기를 뺀다.

02 북어채는 잘게 찢은 후 맛술, 참기름, 양조간장과 무친다.
★ 북어채를 양념에 무치면 간이 잘 배고, 부드러워진다.

03 돌나물, 양파, 북어채를 담고 드레싱을 뿌린다.

드레싱 먼저 만들기

+ 고춧가루 참기름 드레싱

볼에 참기름, 포도씨유를 제외한 재료를 넣고 섞는다. 참기름, 포도씨유를 넣고 한번 더 섞는다.

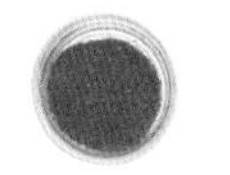
고춧가루 1큰술
+

설탕 4작은술
+

소금 1/2작은술

식초 2큰술
+

참기름 1큰술
+

포도씨유 1큰술
(또는 카놀라유)

=

20~25분
2~3인분

- 삼겹살 200g
- 알배기배추 8장(240g)
- 세발나물(또는 쪽파) 20g
- 홍고추 1개
- 소금 약간
- 통후추 간 것 약간

1

3

[삼겹살을 곁들인 알배기배추 샐러드]

01 알배기배추는 길이로 2등분한 후 한입 크기로 썰고, 세발나물을 4cm 길이로 썰고, 홍고추는 채 썬다.

02 삼겹살은 3cm 두께로 썬다.

03 달군 팬에 삼겹살, 소금, 통후추 간 것을 넣고 중간 불에서 앞뒤로 뒤집어가며 5~6분간 노릇하게 굽는다. 키친타월에 올려 기름기를 뺀다.

04 볼에 채소, 드레싱을 넣고 버무린 후 삼겹살을 곁들인다.

드레싱 먼저 만들기

+ 쌈장 드레싱

❶ 통깨는 손으로 으깬다. ❷ 볼에 참기름을 제외한 재료를 넣고 섞은 후 참기름을 넣고 한번 더 섞는다.

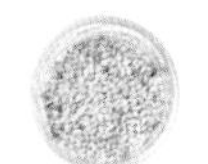
통깨 1큰술
+

고춧가루 2작은술
+

물 2큰술

맛술 1큰술
+

된장 1큰술
(염도에 따라 가감)
+

고추장 1/2큰술

올리고당 1큰술
+

다진 마늘 2작은술
+

참기름 2큰술

=

더덕 묵전 샐러드

4~6월이 제철인 더덕은 향이 참 좋죠? 그 고유의 향을
만끽하기 위해서는 가볍게 무쳐 먹는 샐러드만 한 메뉴가 없답니다.
여기에 양념장에 찍어 먹기만 하던 묵을 전으로 구워 곁들였어요.
향긋한 더덕과 묵전이 만나 이색적인 별미 샐러드가 되었답니다.

⏰ 25~30분
🥕 2~3인분

- 더덕 2개(60g)
- 청포묵 1모 (또는 메밀묵, 200g)
- 어린잎 채소 2줌(40g)
- 소금 약간
- 달걀 1개
- 식용유 1큰술

01

어린잎 채소는 찬물에 헹궈 체에 밭쳐 물기를 뺀다.

02

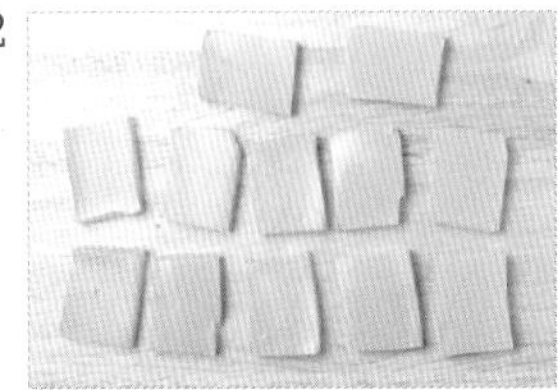

청포묵은 0.7cm 두께의 한입 크기로 썬 후 소금을 뿌려 밑간한다. 작은 볼에 달걀을 넣고 풀어준 후 청포묵을 넣는다.

03

더덕의 껍질은 돌려가며 벗긴다. 길이로 얇게 썬 후 밀대로 밀어 편다. ★ 더덕을 만질 때는 위생장갑을 껴야 진액이 묻지 않는다.

04

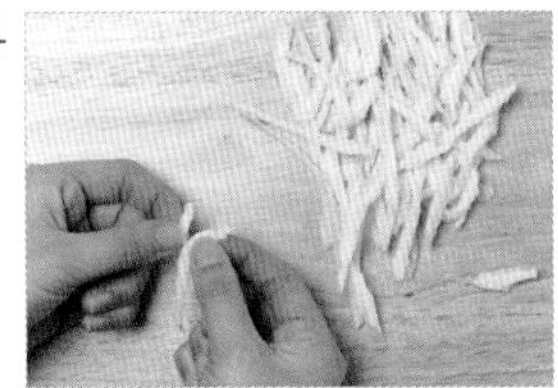

더덕은 결대로 잘고 길게 찢는다.

05

달군 팬에 식용유, 달걀물을 입힌 청포묵을 넣고 중간 불에서 앞뒤로 각각 1분씩 뒤집어가며 굽는다. 그릇에 묵전, 더덕, 어린잎 채소를 얹은 후 드레싱을 뿌린다.

드레싱 먼저 만들기

+ 더덕 간장 드레싱

볼에 재료를 모두 넣고 섞는다.

잘게 다진 더덕 1/2개(15g)

+

설탕 1작은술

+

고춧가루 1작은술

+

양조간장 5작은술

+

맛술 1큰술

+

레몬즙 1큰술

=

Salad Tip

더덕 손질하는 법 특유의 쓴맛을 없애기 위해 소금물에 담갔다가 사용하기도 하는데, 쓴맛과 함께 고유의 맛과 향도 약해지므로 그대로 즐기는 것이 좋다.

문어 샐러드

단백질 함량이 높고 지방이 적어
다이어트에 좋은 문어를
돌미나리와 함께 샐러드로
준비했어요. 드레싱은 문어와
미나리 본연의 맛을 잘 살릴 수
있도록 가볍게 만들었습니다.

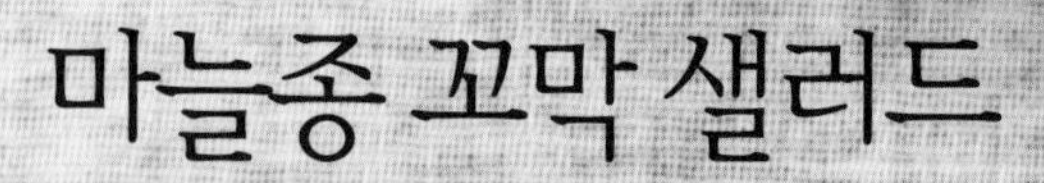

마늘종 꼬막 샐러드

겨울철 별미로 빠지지 않고 등장하는 재료,
바로 꼬막이지요. 마늘종을 아삭하게 데쳐
쫄깃한 꼬막을 곁들였어요. 매콤한 된장 드레싱과
버무리니 반찬으로는 단연코 훌륭하고,
술 한 잔 먹기에도 딱이네요.

15~20분
2~3인분

- 자숙문어 다리 2개(180g)
- 돌미나리 1/2줌
  (또는 쌈 채소, 35g)
- 양파 1/2개(100g)

1

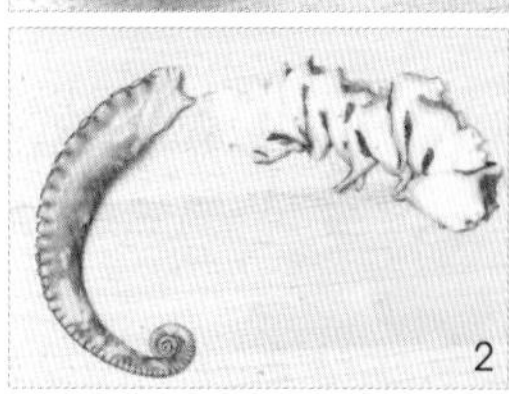
2

[문어 샐러드]

01 돌미나리는 5cm 길이로 썰고, 양파는 가늘게 채 썬다.

02 자숙문어는 끓는 물(6컵) + 소금(2작은술)에 넣고
30초간 데친 후 물기를 뺀 다음 얇게 썬다.

03 접시에 양파, 돌미나리, 문어를 담은 후 드레싱을 뿌린다.

드레싱 먼저 만들기

+ 고추냉이 간장 드레싱

볼에 포도씨유를 제외한 재료를 넣고
골고루 섞은 후 포도씨유를 넣고 한번 더 섞는다.

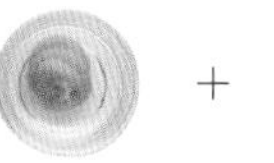
고추냉이(연와사비) 1큰술
+

설탕 1큰술
+

양조간장 2큰술

레몬즙 1큰술
+

식초 1큰술
+

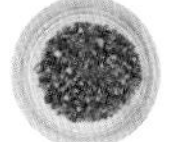
통후추 간 것 약간

포도씨유 1큰술
(또는 카놀라유)
=

25~30분
(+ 꼬막 해감 시키기 1시간)
2~3인분

- 마늘종 2줌(140g)
- 꼬막 30개(300g)
- 홍고추 1개

2

4

[마늘종 꼬막 샐러드]

01 볼에 꼬막, 소금(2큰술)을 넣고 박박 문질러 씻은 후 헹군다.
물(5컵) + 소금(1큰술)에 담가 1시간 동안 해감 시킨다.

02 마늘종은 5cm 길이로 썰고, 홍고추는 가늘게 채 썬다.

03 끓는 물(6컵) + 소금(2작은술)에 마늘종을 넣고
30초간 데친 후 체로 건져 찬물에 헹궈 물기를 뺀다.

04 ③의 끓는 물에 꼬막을 넣고 한쪽 방향으로 저어주며 끓인다.
꼬막 5~6개가 입을 벌리면 불을 끈다.
그대로 둬 꼬막 입이 모두 벌어지면 찬물에 헹궈 살만 발라낸다.

05 볼에 마늘종, 꼬막, 홍고추, 드레싱을 넣고 버무린다.

드레싱 먼저 만들기

+ 매콤한 된장 드레싱

볼에 참기름을 제외한 재료를 넣고 섞은 후
참기름을 넣고 한번 더 섞는다.

된장 1큰술
(염도에 따라 가감)
+
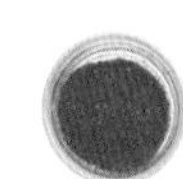
고춧가루 2작은술
+

맛술 2큰술

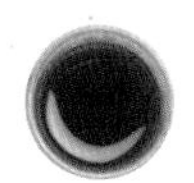
양조간장 1큰술
+

다진 파 2작은술
+

다진 마늘 1작은술

참기름 2큰술
=

영양부추 소라 샐러드

아삭한 영양부추와 잣을 듬뿍 넣은 드레싱이
참 잘 어울리는 샐러드예요. 쫄깃한 소라를 올려 더욱 고급스러운
맛을 냈답니다. 폼 나는 한식 상차림에 딱 어울리지요.

25~30분
2~3인분

- 소라 3개
- 영양부추 2줌(80g)
- 양파 1/4개(50g)
- 잣(또는 캐슈너트) 1큰술
- 청주(또는 맛술) 2큰술

+잣 드레싱

작은 믹서에 재료를 모두 넣고 곱게 간다.

볶은 잣 5큰술(50g)

+

설탕 3큰술

+

식초 4큰술

+

소금 1/2작은술

||

01

냄비에 소라가 2/3 정도 잠길 정도의 물을 넣는다. 물이 끓어오르면 소라, 청주를 넣고 15~17분간 삶은 후 찬물에 담가 한 김 식힌다.

02

젓가락을 깊숙이 넣고 살살 돌려가며 살을 빼낸다.

03

0.3cm 두께로 얇게 썬다.

04

영양부추는 5cm 길이로 썰고, 양파는 가늘게 채 썬다. 달군 팬에 잣을 넣고 중간 불에서 3분간 노릇하게 볶는다.

05

그릇에 영양부추, 양파, 소라, 잣을 담고 드레싱을 뿌린다.

Salad Tip

소라가 없을 때 대체하는 방법은?

소라는 사시사철 판매하는 해산물이 아니므로 전복 3마리나 생새우살 5~6마리로 대체해도 좋다. 더 간편하게 즐기고 싶다면 통조림 소라를 사용한다.

부추 샐러드

아삭한 양상추에 부추를 듬뿍 곁들인 샐러드예요. 볶은 홍새우를 곁들여 감칠맛도 주었지요. 부추와 궁합이 좋은 삼겹살 구이나 삼계탕을 먹을 때 곁들이면 좋습니다.

대파구이 샐러드

그릴에 구워 매운맛은 줄이고 단맛을 살린 대파에 잔멸치와 짭조름한 드레싱을 곁들인 새로운 샐러드예요. 반찬으로도 좋고, 스테이크 먹을 때 곁들임 샐러드로도 훌륭하답니다.

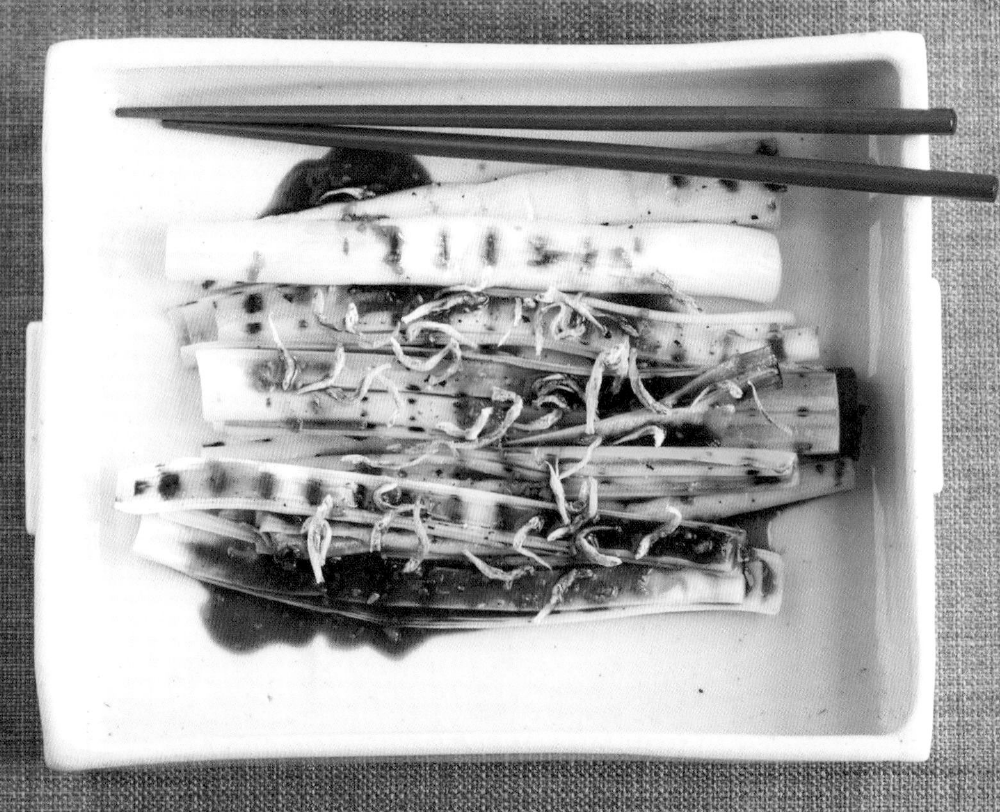

10~15분
2~3인분

- 부추 1과 1/2줌(75g)
- 양상추 7장(100g)
- 양파 1/5개(40g)
- 말린 홍새우 1/2컵 (또는 건새우, 15g)

[부추 샐러드]

01 달군 팬에 말린 홍새우를 넣고 중간 불에서 2분간 볶은 후 식힌다.

02 양상추, 양파는 가늘게 채 썰고, 부추는 5cm 길이로 썬다.

03 그릇에 부추, 양상추, 양파를 담고 볶은 홍새우를 얹은 후 드레싱을 뿌린다.

드레싱 먼저 만들기

+ 통깨 간장 드레싱

작은 믹서에 포도씨유를 제외한 재료를 넣고 간 후 포도씨유를 넣어 한번 더 섞는다.

통깨 4큰술 + 설탕 2작은술 + 맛술 3큰술

양조간장 2큰술 + 다진 파 1작은술 + 포도씨유 1큰술 (또는 카놀라유)

=

10~15분
2~3인분

- 대파 20cm 4대(흰 부분, 160g)
- 잔멸치 1/4컵(15g)
- 식용유 2큰술

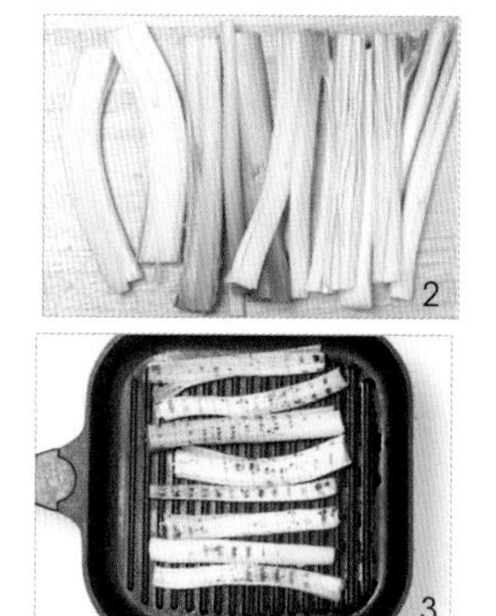

[대파구이 샐러드]

01 달군 팬에 잔멸치를 넣고 중간 불에서 1분간 볶은 후 식힌다.

02 대파는 길이로 2등분한 후 식용유와 버무린다.

03 달군 그릴 팬(또는 팬)에 대파를 넣고 센 불에서 앞뒤로 각각 1분 30초~2분씩 그릴 자국이 선명하도록 굽는다.

04 그릇에 대파, 드레싱, 잔멸치를 담는다.

드레싱 먼저 만들기

+ 굴소스 드레싱

작은 냄비에 재료를 모두 넣고 중간 불에서 끓어오르면 1분간 저어가며 졸인다.
★ 샐러드의 대파를 식용유와 버무린 후 구우므로 드레싱에는 기름을 넣지 않아야 더 깔끔하게 즐길 수 있다.

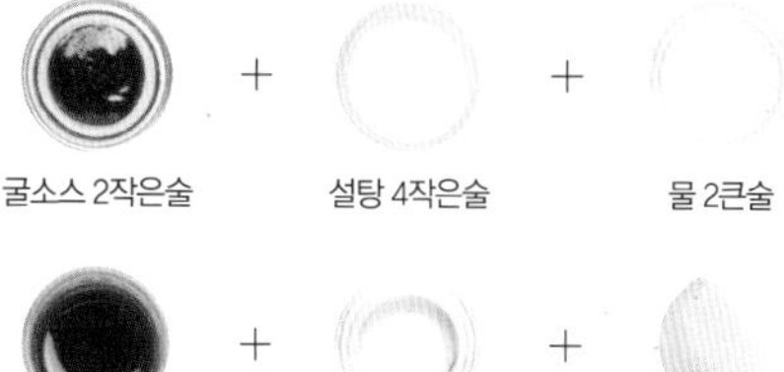

굴소스 2작은술 + 설탕 4작은술 + 물 2큰술

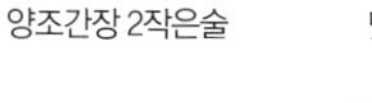

양조간장 2작은술 + 맛술 1큰술 + 다진 마늘 2작은술

=

육전 나물 샐러드

부드러운 쇠고기로 만든 육전에 씀바귀를 곁들였어요. 은은하게 쌉싸래한 씀바귀가 입맛을 돋워주지요.
결 반대 방향으로 썰어 부드럽게 구워낸 육전은 어른, 아이 모두가 참 좋아하지만
막걸리나 소주 한 잔이 생각나는 샐러드이기도 합니다.

20~25분
2~3인분

- 쇠고기 홍두깨살 120g
- 영양부추 1과 1/2줌(60g)
- 씀바귀 4줌(60g)
- 밀가루 6큰술
- 달걀 2개
- 소금 1/2작은술
- 통후추 간 것 약간
- 식용유 2큰술

01

씀바귀는 한입 크기로 썰고,
영양부추는 5cm 길이로 썬다.
달걀은 볼에 넣고 잘 풀어준다.

02

쇠고기는 결 반대 방향으로
최대한 얇게 썬다. 소금,
통후추 간 것으로 밑간한다.

03

쇠고기는 밀가루 → 달걀물
순으로 담가 반죽을 입힌다.

04

달군 팬에 식용유를 두르고
쇠고기를 올린 후 중간 불에서
앞뒤로 각각 1분 30초씩 굽는다.
★ 식용유가 부족하면 더 넣어도 좋다.

05

볼에 영양부추, 씀바귀, 드레싱을
넣고 살살 무친다. 그릇에 담고
쇠고기를 곁들인다.

Salad Tip

씀바귀 손질하는 법 질긴 부분을 떼어내고 씻은 후 잔뿌리를 제거한다. 특유의 쌉싸래한 맛과 질긴 식감이 부담스럽다면 소금물에 살짝 데쳐 부드럽게 즐겨도 좋다.

드레싱 먼저 만들기

+ 씀바귀 간장 드레싱

볼에 포도씨유를 제외한 재료를 넣고
섞은 후 포도씨유를 넣어
한번 더 섞는다.

잘게 다진 씀바귀 1줌(15g)

+

설탕 1과 1/2큰술

+

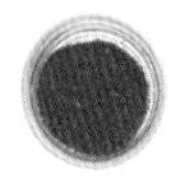

고춧가루 1큰술

+

양조간장 3큰술

+

식초 2큰술

+

포도씨유 1큰술
(또는 카놀라유)

||

Dressing Tip

씀바귀는 쓴맛이 강한 재료이니
기호에 따라 양을 조절한다.

오이 샐러드

늘 먹던 빨간 오이무침 대신
상큼하고 매콤한 간장 드레싱을
곁들인 오이 샐러드를 만들어 보세요.
오이의 아삭한 식감을 그대로
느낄 수 있으며 특히 생선구이와
아주 잘 어울린답니다.

무 샐러드

무생채나 깍두기 대신 폼 나는
무 샐러드를 곁들여보세요.
쇠고기 채끝 등심이나 부챗살 같은
소금 구이에 곁들이면
아주 맛있습니다.

⏰15~20분
🥕 2~3인분

- 오이 1과 1/2개(300g)
- 홍고추 1개
- 대파(흰 부분) 5cm

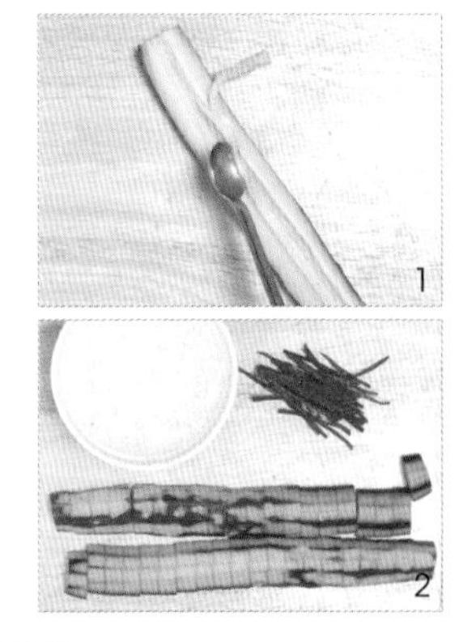

[오이 샐러드]

01 오이는 필러로 껍질을 대강 없앤다. 길이로 2등분한 후 숟가락으로 가운데를 긁어 씨를 없앤다.

02 오이는 1cm 두께로 썰고, 홍고추는 가늘게 채 썬다. 대파는 가늘게 채 썬 후 찬물에 담가 매운맛을 없앤 다음 체에 밭쳐 물기를 뺀다.

03 그릇에 오이를 담고, 대파, 홍고추를 올린 후 드레싱을 뿌린다.

드레싱 먼저 만들기

+청양고추 간장 드레싱

볼에 참기름을 제외한 재료를 넣고 섞은 후 참기름을 넣어 한번 더 섞는다.

잘게 다진 청양고추 1개

+

설탕 2작은술

+

양조간장 2큰술

식초 2작은술

+

다진 마늘 1작은술

+

참기름 1큰술

=

⏰10~15분
🥕 2~3인분

- 무 두께 3cm, 길이 15cm 1토막(120g)
- 래디시 2개
- 무순 약간(생략 가능)

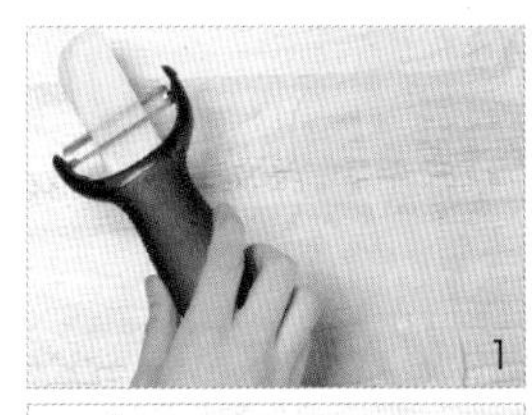

[무 샐러드]

01 무는 필러로 길고 얇게 슬라이스한다.

02 래디시는 모양대로 얇게 썬다.

03 그릇에 무, 래디시, 무순, 드레싱을 담는다.

드레싱 먼저 만들기

+매운 홍초 드레싱

볼에 포도씨유를 제외한 재료를 넣고 섞은 후 포도씨유를 넣고 한번 더 섞는다.

홍초 2큰술(또는 식초 1큰술 + 설탕 1큰술)

+

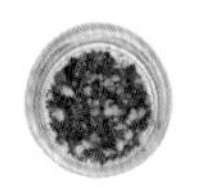
크러시드페퍼 1큰술 (또는 굵은 고춧가루)
★ 재료 설명 25쪽

+

설탕 2작은술

소금 1/2작은술

+

다진 파 1큰술

+

다진 마늘 1작은술

포도씨유 2큰술 (또는 카놀라유)

=

연근 샐러드

연근은 섬유질이 풍부하고 칼로리가 낮아 대표적인 다이어트 식품으로 알려져 있는데요.
반찬 말고는 활용하기가 참 애매했지요? 연근을 살짝 데치면 아삭해져 샐러드로 즐기기에 참 좋답니다.
새콤한 드레싱을 곁들이면 입맛을 돋우는 샐러드는 물론 애피타이저로도 훌륭해요.

⏰ 20~25분
🥕 2~3인분

- 연근 1/2개(150g)
- 생새우살 8마리(120g)
- 양파 1/2개(100g)
- 깻잎 4장

01

연근은 필러로 껍질을 벗긴 후 0.5cm 두께로 썬다.

02

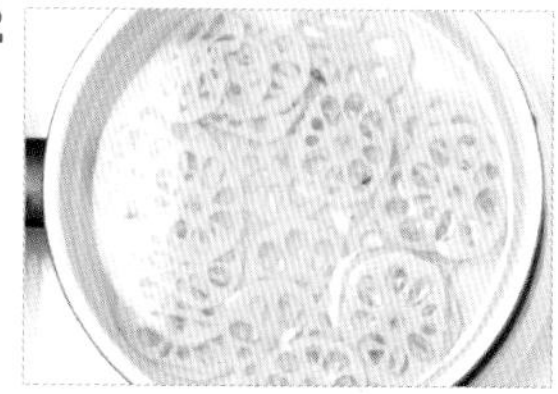

끓는 물(6컵) + 식초(3큰술)에 연근을 넣고 1분간 데친다. 체에 밭쳐 헹군 후 물기를 없앤다.

03

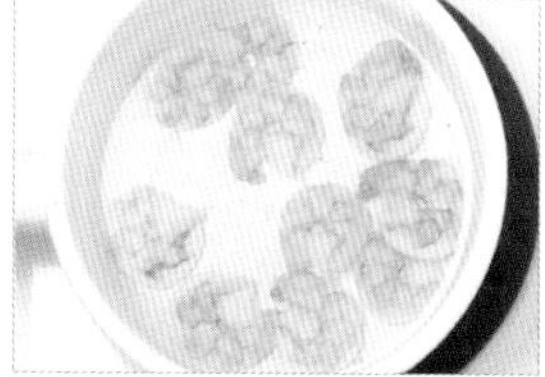

생새우살은 끓는 물(4컵) + 소금(1/2큰술)에 넣고 1분간 데친다.

04

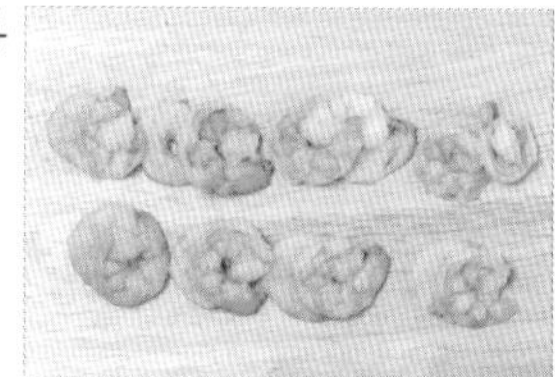

헹군 후 체에 밭쳐 물기를 없애고 모양대로 2등분한다.

05

깻잎은 돌돌 말아서 얇게 채 썰고, 양파는 가늘게 채 썬다.

06

그릇에 모든 재료를 담고 드레싱을 곁들인다.

드레싱 먼저 만들기

+ 마늘 홍초 드레싱

볼에 포도씨유를 제외한 재료를 넣고 섞은 후 포도씨유를 넣고 한번 더 섞는다.

다진 마늘 1/2작은술

\+

홍초 3큰술
(또는 식초 2큰술 + 설탕 1큰술)

\+

설탕 2작은술

\+

소금 1/2작은술

\+

다진 홍고추 1큰술

\+

포도씨유 1큰술
(또는 카놀라유)

=

Salad Tip

싱싱한 연근 고르기 & 손질하기 연근은 길이가 길고 곧으며 굵은 것을 고른다. 연근은 껍질을 벗기면 금방 색이 변하므로 식초물에 바로 데치는 것이 좋다.

데친 버섯 샐러드

다양한 버섯을 살짝 데친 후 쇠고기 드레싱을 듬뿍 얹어 먹는 샐러드예요.
버섯의 쫄깃한 식감이 좋고 쇠고기 드레싱은 고소한 맛이 일품이라 밥에 곁들이면
아이들도 좋아하죠. 샐러드가 남았다면 밥에 얹어 간단한 덮밥으로도 응용할 수 있어요.

15~20분
2~3인분

- 새송이버섯 1개(100g)
- 느타리버섯 1과 1/2줌(75g)
- 표고버섯 4개(100g)
- 영양부추 2~3줄기(생략 가능)

01

영양부추는 5cm 길이로 썬다.

02

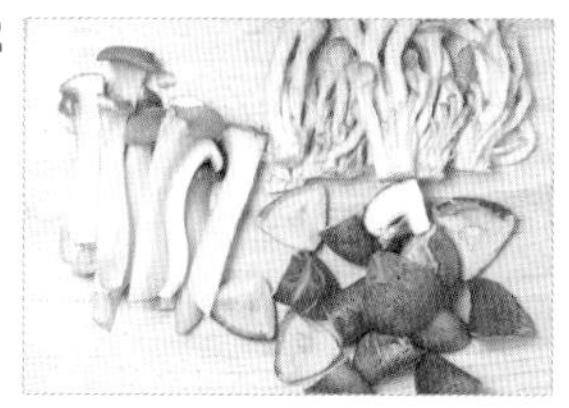

새송이버섯은 길이로 3~4등분하고,
느타리버섯은 2~3가닥씩 뜯는다.
표고버섯은 한입 크기로 썬다.

03

끓는 물(6컵) + 소금(2작은술)에
버섯을 넣고 1분간 데친다.
찬물에 헹군 후 키친타월로
가볍게 눌러 물기를 뺀다.

04

그릇에 버섯, 영양부추를 담고
드레싱을 곁들인다.

드레싱 먼저 만들기

+ 쇠고기 드레싱

❶ 달군 팬에 포도씨유, 다진 쇠고기를 넣고 중간 불에서 2분간 볶는다.
❷ 나머지 드레싱 재료를 모두 넣고 2/3분량으로 줄어들 때까지 2~3분간 졸인 후 식힌다.

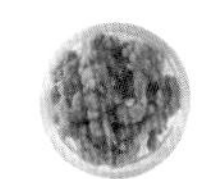

다진 쇠고기 100g

+

포도씨유 1/2큰술
(또는 카놀라유)

설탕 1큰술

+

물 5큰술

양조간장 2큰술

+

다진 양파 1큰술

다진 마늘 1/2작은술

+

참기름 1작은술

=

Salad Tip

다양한 버섯 사용하기

새송이버섯, 느타리버섯, 표고버섯 외에도 다양한 버섯을 사용해도 좋다. 단, 총량이 약 270g이 되도록 한다.

Dressing Tip

고기 없이 가벼운 맛의 드레싱을
원한다면 통깨 간장 드레싱
(91쪽 참고)을 곁들여도 좋다.

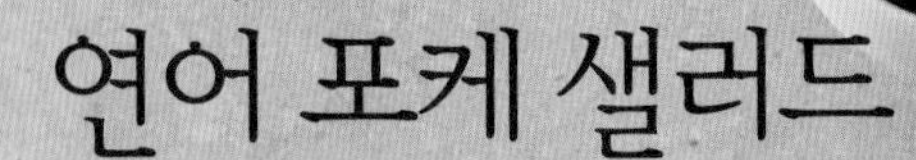

연어 포케 샐러드

포케는 하와이에서 유래한 요리로 깍둑 모양으로 썬 날 생선과 채소를 밥에 올려 먹는 것이랍니다. 참치, 문어, 광어, 새우 등 다양한 해산물을 사용하는데요, 저는 여성분들이 좋아하는 연어와 구수한 현미로 만들었습니다.

나또 아보카도 샐러드

나또의 강한 맛과 향, 미끈거리는 식감 때문에 몸에 좋다는 걸 알면서도 꺼리는 분들이 종종 있지요. 그러한 나또 왕초보를 위한 샐러드예요. 나또를 고소한 달걀노른자와 버무려서 각종 재료와 함께 김에 싸서 먹어보세요. 향긋한 레몬 간장 드레싱까지 곁들이면 의외의 맛을 느낄 수 있을 거예요.

20~25분
2~3인분

- 따뜻한 현미밥 2공기(400g)
- 생연어 200g
- 아보카도 1/2개(손질 후, 80g)
- 오이 1/2개(100g)
- 양파 1/4개(50g)

1

다시마 조림
- 다시마 5×5cm 4장
- 물 1/2컵(100㎖)
- 설탕 2작은술
- 맛술 2작은술
- 양조간장 2작은술

양념
- 식초 1과 1/2큰술
- 설탕 2작은술
- 소금 1작은술

[연어 포케 샐러드]

01 냄비에 다시마 조림의 다시마, 물을 넣고 10분간 둔다.
나머지 다시마 조림 재료를 모두 넣고
약한 불에서 15분간 졸인다. 다시마를 건져 가늘게 채 썬다.

02 현미밥은 한김 식힌 후 양념을 넣고 가르듯이 섞는다.

03 연어, 아보카도는 사방 1.5cm 크기로 썬다.
오이는 모양대로 얇게 썰고, 양파는 가늘게 채 썬다.
그릇에 모든 재료를 담고 드레싱을 곁들인다.
★ 아보카도 손질하기 15쪽

드레싱 먼저 만들기

+ 고추냉이 간장 드레싱

볼에 포도씨유를 제외한 재료를 넣고
섞은 후 포도씨유를 넣고 한번 더 섞는다.

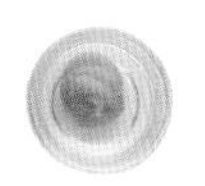
고추냉이(연와사비) 1큰술
+

설탕 1큰술
+

양조간장 2큰술

레몬즙 1큰술
+

식초 1큰술
+
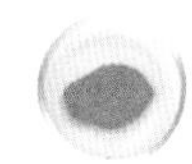
통후추 간 것 약간

포도씨유 1큰술
(또는 카놀라유)
=

20~25분
2~3인분

- 나또 1팩(50g)
- 아보카도 1개(손질 후, 160g)
- 적양파 1/4개
(또는 양파, 50g)
- 오이 1개(200g)
- 달걀노른자 1개
- 김 4장(기호에 따라 가감)
- 무순 약간

[나또 아보카도 샐러드]

01 아보카도는 껍질을 벗긴 후 0.5cm두께로 썰고,
적양파는 가늘게 채 썬다. ★ 아보카도 손질하기 15쪽

02 오이는 5cm 길이로 썬 뒤 돌려 깎아 가늘게 채 썬다.

03 작은 볼에 나또, 달걀노른자를 담는다. 다른 그릇에 아보카도,
적양파, 오이, 무순을 담고 드레싱과 김을 곁들인다.
나또는 먹기 전에 실이 생길 때까지 충분히 저어준다.

드레싱 먼저 만들기

+ 레몬 간장 드레싱

볼에 재료를 넣고 섞는다.

레몬 제스트 1작은술
(노란 껍질만 벗겨 잘게 다진 것)
★ 만들기 13쪽
+

설탕 1큰술

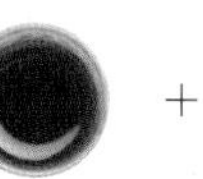
양조간장 2큰술
+

레몬즙 2큰술
=

톳 샐러드

톳은 칼슘이 풍부해 성장기 아이들에게 좋은 해조류입니다. 각종 미네랄이 풍부한 톳과
탱탱한 새우살을 더해 바다 내음을 듬뿍 느낄 수 있는 샐러드를 만들어보세요.
새콤한 드레싱을 넉넉하게 만들어 톳과 새우를 푹 담가 먹으면 더욱 맛있게 즐길 수 있답니다.

20~25분
2~3인분

- 톳 160g
- 생새우살 8마리(120g)
- 양파 1/4개(50g)
- 홍고추 1개

- 무순 약간(생략 가능)
- 맛술 2큰술
- 레몬즙 1큰술
- 양조간장 2작은술

01

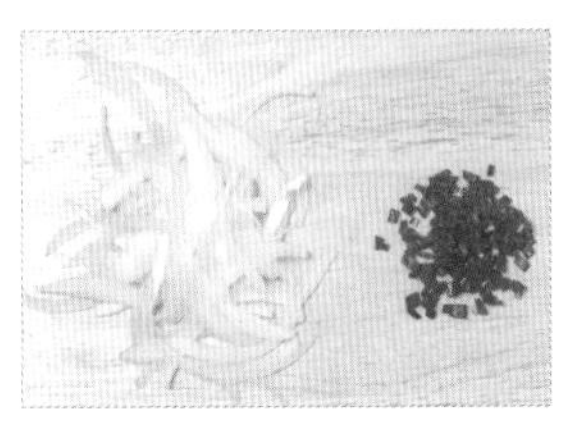

양파는 가늘게 채 썰고,
홍고추는 잘게 다진다.

02

톳은 한입 크기로 뜯는다.

03

끓는 물(6컵)에 톳을 넣고
10~15초간 데친 후 찬물에 헹궈
체에 밭쳐 물기를 뺀다.
맛술, 레몬즙, 양조간장과 버무려
냉장실에 10분간 둔다.

04

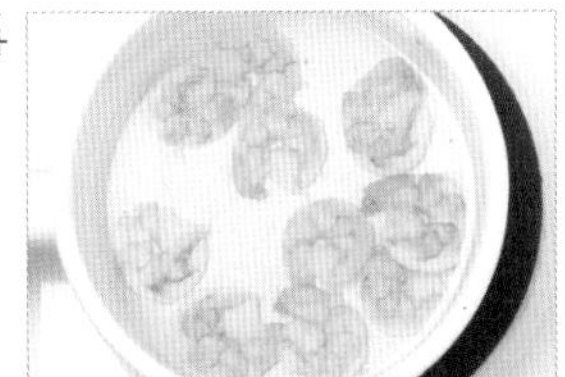

③의 끓는 물에 새우살을 넣고
1~2분간 데친 후 헹궈 물기를 뺀다.

05

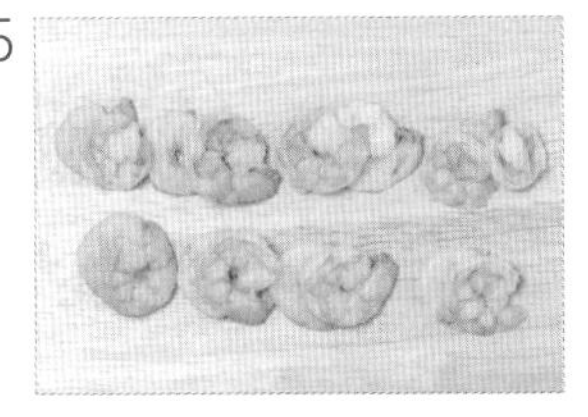

생새우살은 모양대로 2등분한다.

06

그릇에 모든 재료를 담고
드레싱을 곁들인다.

Salad Tip

이 샐러드에 어울리는 다른 재료들 톳 대신 미역을 데쳐서 사용해도 잘 어울린다.
든든하게 즐기고 싶다면? 소면을 삶아 곁들이면 한 끼 식사로도 좋다.

드레싱 먼저 만들기

+레몬 간장 드레싱

볼에 재료를 모두 넣고 섞는다.

레몬 제스트 1작은술
(노란 껍질만 벗겨 잘게 다진 것)
★ 만들기 13쪽

+

설탕 1큰술

+

양조간장 2큰술

+

레몬즙 1큰술

=

시금치 롤 샐러드

시금치를 주로 무침이나 국으로만 맛봤다면 샐러드로 색다르게 즐겨보세요. 이 샐러드는 시금치를 듬뿍 섭취할 수 있어 더욱 좋지요. 상큼하고 고소한 드레싱에 하나씩 올려 담으면 손님 초대상에 올려도 손색이 없는 고급 요리가 된답니다.

10~15분
(+ 시금치 모양잡기 20분)
2~3인분

- 시금치 12줌(600g)
- 홍고추 1개

01

시금치의 뿌리 부분을 잘라낸다.
끓는 물(6컵) + 소금(2작은술)에
넣고 15초간 데친 후
찬물에 헹궈 물기를 꼭 짠다.

02

김발에 지름 5cm 정도가 되도록
시금치를 길게 놓고 돌돌 만다.
랩으로 감싸 냉장실에 20분간 둔다.

03

홍고추는 잘게 다진다.

04

시금치는 2cm 두께로 썬다.

05

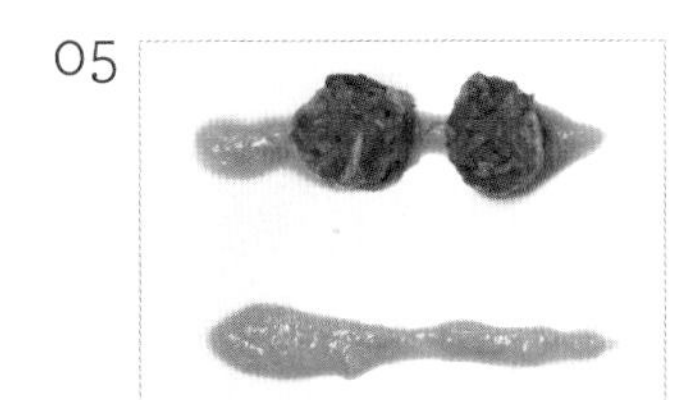

드레싱을 그릇 가운데에
길게 담고, 시금치를 올린다.
다진 홍고추를 더한다.

+ 사과 미소된장 드레싱

작은 믹서에 재료를 모두 넣고 간다.

사과 1/4개(50g)

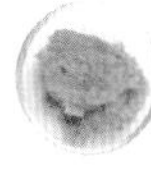

미소된장 3큰술
★ 재료 설명 24쪽

맛술 1큰술

식초 1큰술

=

Salad Tip

김발이 없을 때 대체하는 방법은? 데친 시금치를 5~6등분한 다음 한입 크기로 동그랗게 만든다.
랩으로 감싸 냉장실에 5분 정도 넣어두면 모양이 흐트러지지 않아 예쁘게 담을 수 있다.

소라 장아찌 샐러드

밥도둑으로 불리는 간장 장아찌! 저도 참 좋아하는데요,
그래서인지 저희 집 냉장고엔 늘 엄마표 장아찌가 한두 가지 있어요.
통조림 소라와 채소, 그리고 약간의 장아찌를 곁들여보세요.
거기에 트러플 오일까지 더하면? 특별한 샐러드가 완성됩니다.

30~35분
2~3인분

- 통조림 소라 1캔
  (또는 통조림 골뱅이, 400g)
- 영양부추 2줌(80g)
- 양파 1/2개(100g)

01

영양부추는 5cm 길이로 썬다.

02

양파는 가늘게 채 썬다.

03

통조림 소라는 체에 밭쳐
국물을 없앤다.

04

통조림 소라는 한입 크기로
2~3등분한다. 그릇에 재료를 담고
드레싱을 곁들인다.

드레싱
먼저 만들기

+장아찌 트러플 드레싱

볼에 재료를 모두 넣고 섞는다.

다진 고추장아찌 1큰술

+

간장 장아찌 국물 5큰술

+

설탕 1작은술

+

양조간장 1작은술

+

트러플오일 1큰술
(또는 들기름, 참기름)

||

Dressing Tip

트러플오일은 프랑스 3대 진미로
꼽히는 트러플(송로버섯)의 향이 밴
오일이다. 특유의 향 덕분에
조금만 넣어도 요리가 특별해진다.
트러플오일이 부담스럽다면
들기름이나 참기름으로 대체해도 좋다.

Chapter 3

몸을 가볍게 해주는 한 끼 식사 대용 한 그릇 다이어트 샐러드

다이어트 중이거나 건강을 위해 식단을 조절해야 한다면 탄수화물 위주의 식단보다는 채소가 듬뿍 들어간, 든든한 한 그릇 샐러드가 필요합니다. 이때 가장 주의할 점은 영양적인 균형인데요, 아무리 채소가 몸에 좋다고 해도 계속 채소만 섭취한다면 기력이 떨어지고 영양 부족으로 오히려 건강을 해칠 수 있습니다. 또한 매일 먹다 보면 질리기 때문에 다이어트에 실패하기 쉽지요. 그래서 식사용 한 그릇 샐러드를 준비할 때는 부재료로 현미, 감자, 고구마, 단호박, 통밀빵 등 섬유질이 풍부한 탄수화물 식품을 곁들이거나 닭가슴살, 오징어, 새우 등 저칼로리 고단백 식품을 꼭 더해주세요. 영양소가 풍부한 치즈, 달걀, 견과류, 두부 등을 곁들여도 맛과 영양을 보완할 수 있어요. 이러한 부재료를 곁들이는 것이 쉽지 않다면 포만감을 주는 토마토나 브로콜리, 애호박 등 묵직한 채소를 넉넉히 추가하세요.

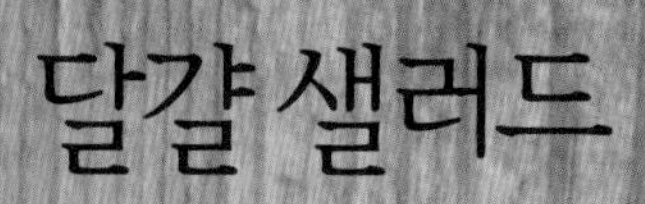

달걀 샐러드

삶은 달걀을 곁들인 든든한 샐러드입니다. 재료들의 색감이 풍성하며 화려해
꽤 폼 나는 메뉴이지요. 기름에 튀기는 고구마 칩이 번거롭다면 생략해도 좋습니다.

20~25분
1인분

- 달걀 2개
- 쌈 채소 30g
- 컬러 방울토마토 10개
  (또는 방울토마토, 150g)
- 고구마 약간(생략 가능)
- 식용유 1/3컵(생략 가능)

01

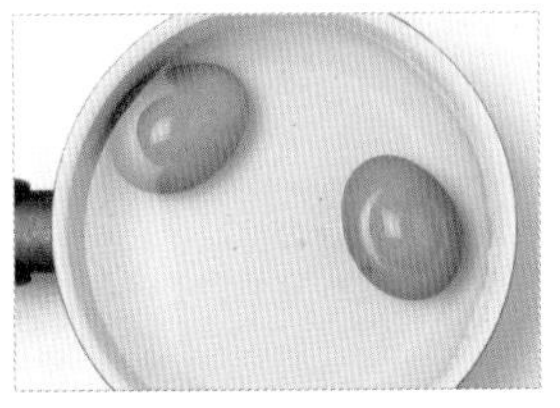

냄비에 달걀, 잠길 만큼의 물을 넣은 후 센 불에서 끓기 시작하면 불을 끄고 뚜껑을 덮어 12분간 둔다.

02

쌈 채소는 찬물에 씻은 후 한입 크기로 뜯어 체에 밭쳐 물기를 뺀다.

03

방울토마토는 2등분하고, 고구마는 필러로 얇고 길게 슬라이스한다.

04

달걀은 찬물에 담가 식힌 후 껍질을 벗기고 4등분한다.

05

달군 팬에 식용유, 고구마를 넣고 약한 불에서 10초간 튀기듯이 굽는다. 그릇에 재료를 담고 드레싱을 뿌린다.
★ 팬을 기울여 식용유를 한 곳에 모은 후 고구마를 구우면 식용유 사용량을 줄일 수 있다.

+씨겨자 드레싱

볼에 올리브유를 제외한 재료를 넣고 섞은 후 올리브유를 넣어 한번 더 섞는다.

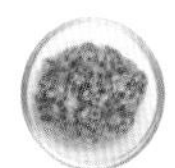

씨겨자 2작은술
(또는 머스터드)
★ 재료 설명 24쪽

+

설탕 4작은술

+

소금 1작은술

+

식초 4큰술

+

다진 양파 1큰술

+

올리브유 1큰술

=

Salad Tip

달걀 제대로 삶는 법 달걀은 삶기 20~30분 전에 미리 실온에 꺼내두면 삶는 도중에 깨지지 않는다. 냄비에 달걀, 잠길 만큼의 물을 넣는다. 센 불에서 끓기 시작하면 불을 끄고 뚜껑을 덮어 그대로 6~8분간 두면 반숙, 12~15분간 두면 완숙이 된다.

아스파라거스 수란 샐러드

뉴욕 스타일의 브런치가 생각나는 세련된 샐러드죠? 친구들과 브런치 모임을 할 때 곁들이기 참 좋은 맛과 모양을 가졌답니다. 수란의 노른자를 톡 터트려 아스파라거스와 까망베르 치즈를 찍어 먹으면 정말 맛있어요.

15~20분
2~3인분

- 아스파라거스 10개
- 달걀 2개
- 까망베르 치즈 1/2개 (또는 브리 치즈, 50g)
- 어린잎 채소 1줌(20g)

+양파 머스터드 드레싱

볼에 올리브유를 제외한 재료를 넣고 섞은 후 올리브유를 넣고 한번 더 섞는다.

다진 양파 2작은술

+

디종 머스터드 1큰술
(또는 머스터드)
★ 재료 설명 24쪽

+

설탕 2작은술

+

소금 1/2작은술

+

식초 1큰술

+

올리브유 1큰술

||

01

끓는 물(6컵) + 소금(2작은술)에 아스파라거스를 넣고 30초간 데친다. 찬물에 담가 식힌 후 체에 밭쳐 물기를 뺀다.

02

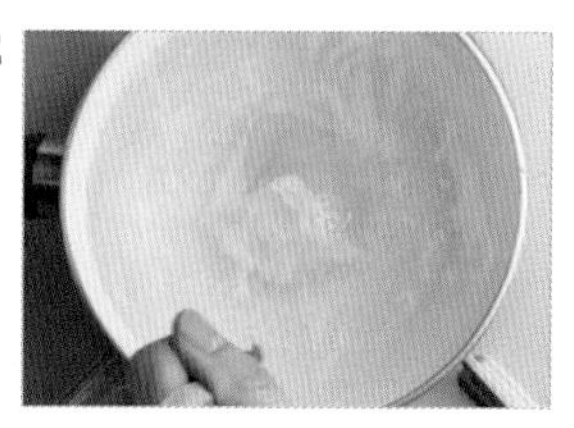

달걀은 수란을 만든다.
★ 수란 만들기 14쪽

03

어린잎 채소는 찬물에 씻은 후 체에 밭쳐 물기를 뺀다.

04

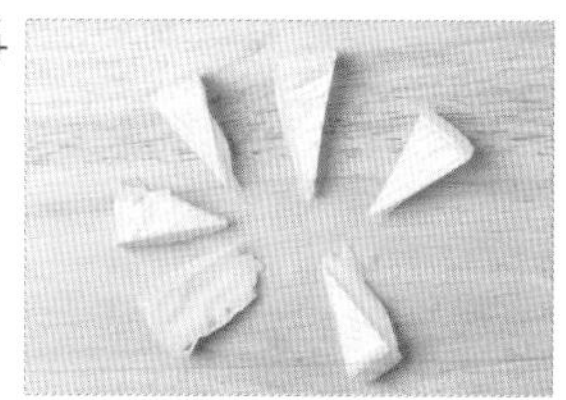

까망베르 치즈는 한입 크기로 썬다.

05

그릇에 아스파라거스, 어린잎 채소, 수란, 까망베르 치즈를 담은 후 드레싱을 뿌린다.

Salad Tip

아스파라거스가 없을 때 대체하는 방법은? 그린빈(줄기콩) 10개로 대체해도 좋다.

퀴노아 망고 샐러드

매력적인 열대 과일 망고, 아삭한 단맛을 가진 양파와 파프리카,
상큼한 레몬 제스트 드레싱을 함께 담았어요. 과일과 채소가 가진 고유의 단맛이 좋아서
여성분들뿐만 아니라 아이들도 잘 먹는 샐러드예요. 숟가락으로 떠먹으면 편하답니다.

그릭 요거트 샐러드

일반 떠먹는 요거트에 비해 농후하고 진한 맛을 가진 그릭 요거트.
덕분에 영양분도 더욱 농축되어 있지요. 맛도 좋고, 몸에도 좋은 그릭 요거트의
새콤한 맛과 진한 질감을 살린 드레싱으로 건강한 샐러드를 만들어 보았어요.

25~30분
1인분

- 망고 1/2개(손질 후, 100g)
- 양파 1/5개(40g)
- 주황 파프리카 1/2개(100g)
- 퀴노아 1/2컵(불리기 전, 60g)
- 쌈 케일 8장(40g)
- 건 크랜베리 1큰술
- 이탈리안 파슬리 1줄기
  ★ 재료 설명 23쪽

2

3

[퀴노아 망고 샐러드]

01 퀴노아는 익힌다. ★ 퀴노아 익히기 14쪽

02 망고, 양파, 파프리카는 사방 1cm 크기로 썬다.
★ 망고 과육 발라내기 13쪽

03 케일은 두꺼운 줄기를 없앤 후 가늘게 채 썬다.

04 파슬리는 잎만 떼어낸 후 굵게 다진다.

05 볼에 모든 재료, 드레싱을 넣고 버무린 후 그릇에 담는다.

드레싱 먼저 만들기

+ 레몬 제스트 드레싱

볼에 재료를 모두 넣고 섞는다.

 +  + 

레몬 제스트 1큰술 (노란 껍질만 벗겨 잘게 다진 것) ★ 만들기 13쪽 / 레몬즙 6큰술 / 설탕 2큰술

 + 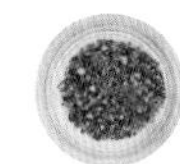 = 

소금 1작은술 / 통후추 간 것 약간

20~25분
1인분

- 청포도 15알(150g)
- 적양파 1/7개(30g)
- 셀러리 20cm(30g)
- 닭가슴살 1쪽
  (또는 통조림 닭가슴살, 100g)
- 피칸(또는 다른 견과류) 4~6개
- 말린 블루베리 1큰술
  (또는 다른 말린 과일)
- 마늘 1쪽
- 다진 이탈리안 파슬리 약간
  ★ 재료 설명 23쪽
- 소금 1큰술
- 통후추 간 것 약간

1

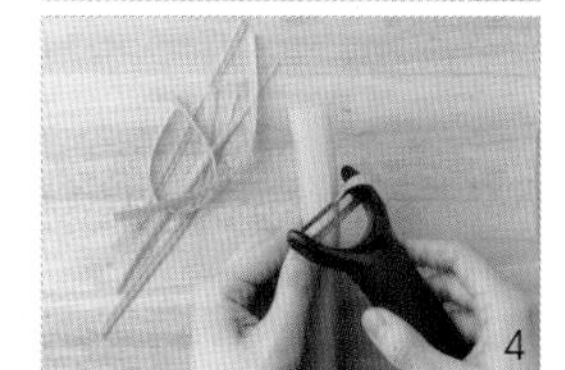

4

[그릭 요거트 샐러드]

01 냄비에 물(4컵), 마늘, 소금, 통후추 간 것을 넣고
끓어오르면 닭가슴살을 넣는다.
중간 불에서 15분간 삶은 후 닭가슴살만 건져낸다.

02 삶은 닭가슴살은 결대로 찢는다.

03 청포도, 피칸은 2등분하고, 적양파는 가늘게 채 썬다.

04 셀러리는 필러로 섬유질을 제거한 후 0.5cm 두께로 썬다.

05 평평한 그릇에 드레싱을 담고 모든 재료를 올린다.

드레싱 먼저 만들기

+ 그릭 요거트 드레싱

볼에 올리브유를 제외한 재료를 넣고 섞은 후
올리브유를 넣고 한번 더 섞는다.

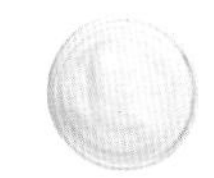 +  + 

그릭 요거트 1/2컵(100㎖) / 설탕 2작은술 / 소금 2/3작은술

 +  + 

레몬즙 1큰술 / 다진 마늘 1작은술 / 다진 민트잎 약간

 = 

올리브유 1큰술

빤자넬라 샐러드

구운 빵과 양파, 토마토, 바질을 레드와인 식초 드레싱에 버무린
이탈리아 대표 샐러드예요. 눅눅해졌거나 딱딱하게 마른 빵을 구워
샐러드에 곁들이면 드레싱이 촉촉이 스며들어 더욱 맛있게 즐길 수 있습니다.

20~25분
1인분

- 작은 바게트 6조각
- 토마토 1개(150g)
- 오이 1/2개(100g)
- 적양파 1/5개 (또는 양파, 40g)
- 다진 마늘 1작은술
- 소금 약간
- 올리브유 1큰술
- 바질 약간(생략 가능)

★ 재료 설명 23쪽

01

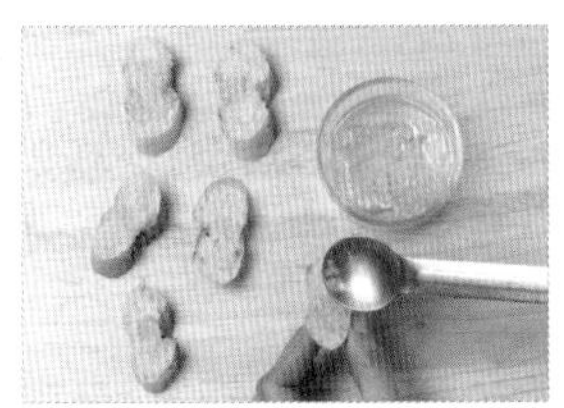

오븐은 200℃로 예열한다. 작은 볼에 다진 마늘, 소금, 올리브유를 섞은 후 바게트의 한쪽에 펴 바른다.

02

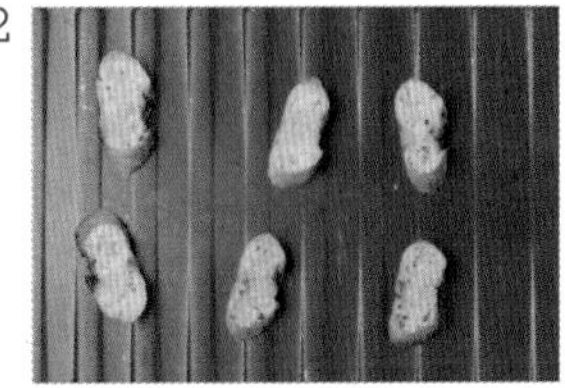

오븐 팬에 바게트를 올리고 예열된 오븐의 가운데 칸에서 8~10분간 노릇하게 굽는다.

03

오이는 한입 크기로 썬다.

04

토마토는 6~8등분하고, 적양파는 가늘게 채 썬다.

05

그릇에 토마토, 오이, 적양파, 바게트를 담고 드레싱을 뿌린 후 바질을 곁들인다.

Salad Tip

오븐 대신 팬으로 바게트를 구우려면?

과정 ①을 진행한 후 달군 팬에 넣고 약한 불에서 4~5분간 뒤집어가며 앞뒤로 노릇하게 굽는다.

+ 마늘 레드와인 식초 드레싱

볼에 올리브유를 제외한 재료를 넣고 섞은 후 올리브유를 넣고 한번 더 섞는다.

다진 마늘 1작은술

+

레드와인 식초 3큰술(또는 식초)
★ 재료 설명 25쪽

+

설탕 2큰술

+

소금 1/2작은술

+

다진 양파 1큰술

+

다진 파슬리 1큰술
(생략 가능)
★ 재료 설명 23쪽

+

올리브유 3큰술

||

구운 단호박 샐러드

쪄 먹거나 튀겨도 맛있고, 수프나 죽을 끓여도 좋은 단호박. 이번에는 구워서 샐러드에 곁들여보세요.
단호박과 메이플시럽 드레싱이 꽤 잘 어울린답니다. 이 샐러드에 쓰인 루꼴라는 부드러운 식감과
특유의 향이 있는 이탈리아의 채소인데요, 로메인이나 다른 잎채소로 대체해도 무방합니다.

30~35분
1인분

- 단호박 1/4개(200g)
- 와일드 루꼴라 1/2줌 (또는 로메인, 25g)
  ★ 재료 설명 23쪽
- 잣(또는 다진 호두) 1큰술
- 말린 자두(또는 건포도) 3개
- 식용유 1큰술
- 소금 약간
- 통후추 간 것 약간

01

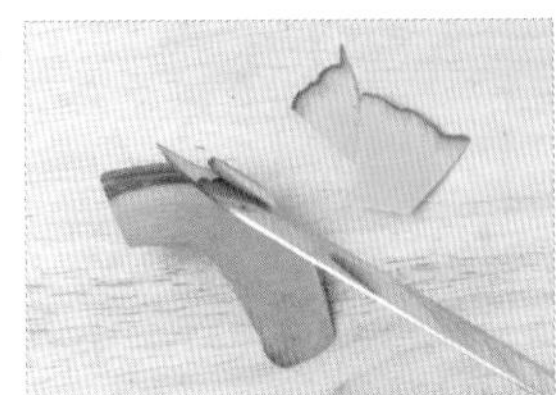

단호박은 씨를 제거한다.
웨지 모양으로 4등분한 후 껍질을 벗긴다. 오븐은 220℃로 예열한다.

02

오븐 팬에 종이 포일를 깔고 단호박을 올린 후 소금, 통후추 간 것, 식용유를 뿌린다. 예열된 오븐의 가운데 칸에서 20~25분간 굽는다.

03

루꼴라는 찬물에 씻은 후 한입 크기로 뜯고 체에 밭쳐 물기를 뺀다.

04

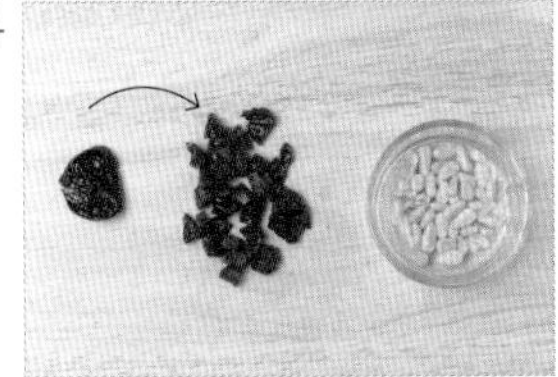

말린 자두는 굵게 다진다.
달군 팬에 잣을 넣고 중간 불에서 1분~1분 30초간 볶는다.

05

그릇에 단호박, 루꼴라, 말린 자두, 잣을 담고 드레싱을 뿌린다.

+메이플시럽 드레싱

볼에 포도씨유를 제외한 재료를 넣고 섞은 후 포도씨유를 넣어 한번 더 섞는다.

메이플시럽 1큰술
(또는 꿀)

+

소금 2/3작은술

+

레몬즙 2큰술

+

다진 양파 1큰술

+

다진 마늘 1/2작은술

+

포도씨유 1큰술
(또는 카놀라유)

||

Salad Tip

단호박이 없을 때 대체하는 방법은? 동량(200g)의 당근, 고구마, 비트 등으로 대체해도 좋다.
먹기 좋은 크기로 썬 후 오븐이나 달군 팬에 넣고 약한 불에서 익힌다.

매콤한 현미밥 샐러드

칠리 향이 매력적인 밥 샐러드예요.
식이섬유가 풍부한 현미를 이용해 다이어트에
좋은 것은 물론 씹는 맛도 살렸답니다.
소시지를 넣어 단백질을 섭취할 수 있도록 했는데요,
구운 두부로 대체해도 됩니다. 또띠아에 넣어서
돌돌 말아 먹으면 부리또로도 즐길 수 있지요.

⏰ 20~25분
🥕 1인분

- 현미밥 1/2공기(100g)
- 빨간 파프리카 약 1/3개(60g)
- 소시지 2개(70g)
- 그린빈(줄기콩) 10개(50g)
- 식용유 2큰술

- 소금 약간
- 통후추 간 것 약간
- 고수 약간(생략 가능)

★ 재료 설명 23쪽

01

그린빈은 2등분하고,
파프리카는 가늘게 채 썬다.
소시지는 0.3cm 두께로 어슷 썬다.

02

현미밥은 그릇에 펼쳐 담는다.
냉장실에 넣어 한 김 식힌다.

03

달군 팬에 식용유, 파프리카,
소시지, 그린빈, 소금,
통후추 간 것을 넣고
중간 불에서 2분간 볶는다.

04

볼에 현미밥, ③의 볶은 재료,
드레싱을 넣어 버무린다.
그릇에 담고 고수를 올린다.

드레싱 먼저 만들기

+ 칠리 드레싱

❶ 달군 팬에 올리브유 1큰술,
다진 양파, 다진 마늘, 칠리파우더,
소금, 통후추 간 것을 넣고
중약 불에서 3분간 볶는다.
❷ 불을 끄고 한 김 식힌 후 설탕,
식초, 올리브유 1큰술을 섞는다.

올리브유 1큰술
(볶음용)

+

다진 양파
2큰술(30g)

다진 마늘 1작은술

+

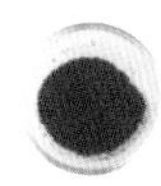

칠리파우더 2작은술
(또는 고운 고춧가루)

소금 1/3작은술

+

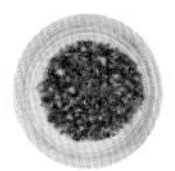

통후추 간 것 약간

설탕 2작은술

+

식초 1큰술

올리브유 1큰술

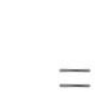

=

Salad Tip

그린빈이 없을 때 대체하는 방법은? 그린빈은 대형마트나 백화점, 온라인에서 구입 가능. 통조림이나 냉동 껍질콩을 사용해도 좋고, 동량의 아스파라거스나 브로콜리로 대체해도 된다.

Dressing Tip

칠리파우더는 고추, 딜, 오레가노,
큐민, 마늘 등을 혼합한 가루이다.
커리파우더 1작은술 + 고운 고춧가루
1작은술로 대체해도 좋다.

마카로니 참치 샐러드

마카로니를 샐러드에 넣을 때는 주로 마요네즈에 버무려서 많이 먹지요?
칼로리를 낮추기 위해 방울토마토 올리브유 드레싱을 곁들여 보았어요.
단백질이 풍부한 참치까지 더해서 식사 대용으로 먹기에도 든든합니다.

15~20분
1인분

- 마카로니 3/4컵
  (또는 펜네, 푸실리, 80g)
- 통조림 참치 1/2캔(50g)
- 그린빈(줄기콩) 8개(40g)
- 방울토마토 8개(120g)
- 양파 1/10개(20g)
- 통후추 간 것 약간

01

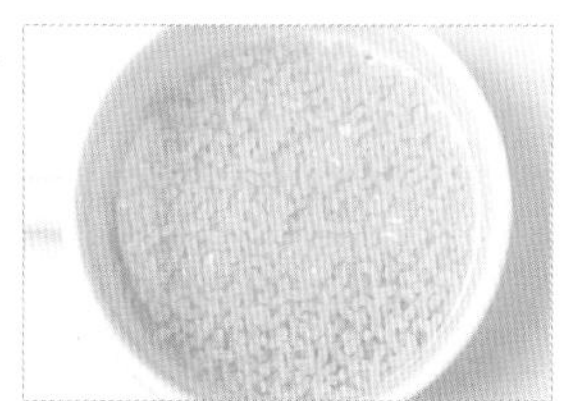

끓는 물(6컵) + 소금(1/2큰술)에 마카로니를 넣고 끓어오르면 5분간 삶는다. 체에 밭쳐 한 김 식힌다.

02

그린빈, 방울토마토는 2등분하고, 양파는 잘게 다진다.

03

끓는 물(6컵) + 소금(2작은술)에 그린빈을 넣고 1분간 데친다. 찬물에 헹군 후 체에 밭쳐 물기를 뺀다.

04

참치는 체에 밭쳐 기름기를 뺀다.

05

볼에 모든 재료, 드레싱을 넣고 섞는다.

드레싱 먼저 만들기

+방울토마토 올리브유 드레싱

작은 믹서에 올리브유를 제외한 재료를 넣고 곱게 간 후 올리브유를 넣고 한번 더 섞는다.

방울토마토 약 7개(100g)

+

설탕 2큰술

+

소금 2작은술

+

레몬즙 4큰술

+

다진 양파 1큰술

+

다진 마늘 1작은술

+

올리브유 2큰술

=

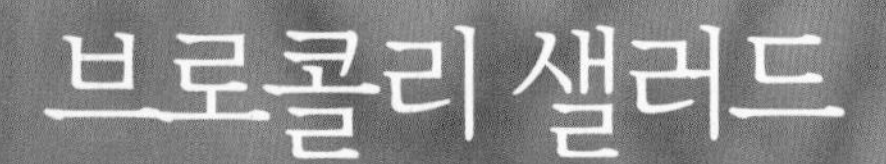

브로콜리 샐러드

레몬의 두 배에 달하는 비타민을 가진 브로콜리와 몸에 좋은 불포화지방이 가득한 아몬드,
단백질을 섭취할 수 있는 햄까지 골고루 넣어 만든 샐러드입니다.
특히 브로콜리는 섬유질이 풍부해 다이어트식으로 제격이지요.

⏰ 15~20분
🥕 1인분

- 브로콜리 1/3개(100g)
- 당근 1/5개(40g)
- 양파 1/4개(50g)
- 햄(또는 소시지) 40g
- 아몬드 20알 (또는 다른 견과류)
- 말린 크랜베리 1큰술 (또는 건포도)

드레싱 먼저 만들기

+매실청 드레싱

볼에 포도씨유를 제외한 재료를 넣고 섞은 후 포도씨유를 넣어 한번 더 섞는다.

매실청 4큰술(또는 유자청)

+

설탕 1/2큰술

+

소금 1/2작은술

+

식초 1큰술

+

다진 양파 1큰술

+

다진 마늘 1/2작은술

+

포도씨유 1큰술 (또는 카놀라유)

||

01

브로콜리는 한입 크기로 썰고 당근, 양파는 가늘게 채 썬다.

02

끓는 물(6컵) + 소금(2작은술)에 브로콜리를 넣고 15~20초간 데친다. 찬물에 헹군 후 체에 밭쳐 물기를 뺀다.

03

햄은 사방 1.5cm 크기로 썬 후 체에 담고 뜨거운 물을 부어 기름기를 없앤다. 아몬드는 2등분한다.

04

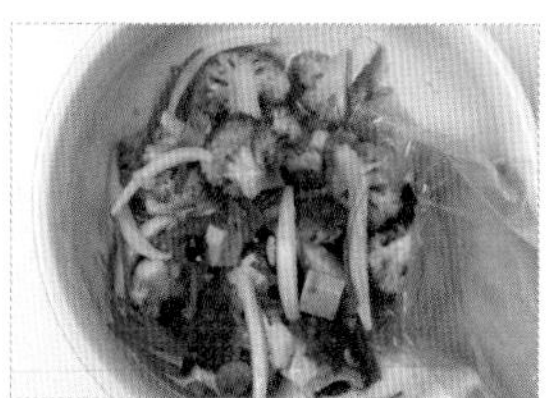

볼에 모든 재료, 드레싱을 넣고 버무려 5분간 둔다. 먹기 직전에 다시 한 번 섞는다.

Salad Tip

단단한 채소를 더한 샐러드를 맛있게 만드는 포인트 브로콜리, 당근과 같이 단단한 채소는 미리 드레싱과 버무려 5분 정도 두면 재료에 드레싱이 배어 더 맛있게 즐길 수 있다.

파스타 샐러드

구운 채소를 듬뿍 곁들인 파스타 샐러드랍니다.
따뜻하게 먹어도 좋고, 차갑게 먹어도
맛있지요. 점심 도시락으로 준비해
식사 대용으로 가볍게 즐겨보세요.

30~35분
1인분

- 펜네 약 1컵
  (또는 푸실리, 마카로니, 50g)
- 가지 1/2개(70g)
- 애호박 약 1/3개(100g)
- 블랙올리브 7개
- 파르미지아노 치즈 약간
  (또는 파마산 치즈가루)
  ★ 재료 설명 24쪽
- 올리브유 2큰술
- 소금 약간
- 통후추 간 것 약간
- 바질 약간(생략 가능)
  ★ 재료 설명 23쪽

01

드레싱을 만든 후
팬에 담긴 그대로 한 김 식힌다.

02

가지, 애호박은 0.7cm 두께로
어슷 썬 후 소금, 통후추 간 것,
올리브유와 버무린다.

03

블랙올리브는 0.3cm 두께로 썬다.

04

끓는 물(6컵) + 소금(1/2큰술)에
펜네를 넣고 10분간 삶은 후
체에 밭쳐 물기를 뺀다.

05

달군 그릴 팬(또는 팬)에 가지,
애호박을 넣고 센 불에서 앞뒤로
각각 40초씩 노릇하게 굽는다.

06

①의 드레싱이 담긴 팬에 펜네, 가지,
애호박, 블랙올리브를 넣고
버무린 후 그릇에 담는다.
파르미지아노 치즈는 필러로 얇게
슬라이스하고, 바질을 올린다.

Salad Tip

든든하게 즐기고 싶다면? 생새우살, 닭가슴살을 곁들인다. 한입 크기로 썬 후 청주, 소금, 통후추 간 것과 버무려 밑간한다. 토마토 소스 드레싱을 만들 때 방울토마토와 함께 넣어 볶는다.

드레싱 먼저 만들기

+ 토마토 소스 드레싱

❶ 방울토마토는 3등분한다.
❷ 달군 팬에 올리브유, 방울토마토, 편 썬 마늘, 소금, 통후추 간 것을 넣고 중간 불에서 방울토마토가 물컹해질 때까지 3~4분간 볶는다. 이때, 방울토마토를 으깨가며 즙을 낸다.
❸ 레몬즙, 올리고당, 다진 파슬리를 섞는다.

방울토마토
약 15개(220g)

편 썬 마늘 1개

올리브유 1큰술

소금 1작은술

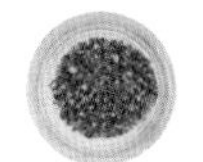

통후추 간 것 약간

레몬즙 1큰술

올리고당 2큰술

다진 파슬리
1큰술(생략 가능)
★ 재료 설명 23쪽

나또 마 샐러드

건강식품으로 손꼽히는 나또와 마가 만났어요.
드레싱의 연겨자가 나또 특유의 향을
잡아주기에 나또를 선호하지 않는 이들도
부담 없이 즐길 수 있답니다.

연두부 샐러드

깔끔한 맛이 좋아 매일 먹어도 질리지 않는
샐러드예요. 만드는 방법이 간단하고 영양가도 높아
아침식사로도 좋습니다.

10~15분
1인분

- 마 지름 3cm, 길이 14cm(200g)
- 나또 1팩(50g)
- 영양부추 1줌(40g)
- 우메보시 2개
  (또는 다진 레몬, 15g)

[나또 마 샐러드]

01 마는 필러로 껍질을 벗기고 1×6cm 크기로 썬다. 영양부추는 5cm 길이로 썰고, 우메보시는 씨를 제거한 후 잘게 다진다.

02 나또는 실이 생길 때까지 충분히 섞는다.

03 오목한 그릇에 모든 재료를 넣고 드레싱을 뿌린다.

Salad Tip

우메보시 일본의 매실 장아찌. 백화점이나 대형마트에서 구입 가능하다. 레몬 과육 다진 것으로 대체해도 좋다.

드레싱 먼저 만들기

+ 연겨자 레몬 드레싱

볼에 포도씨유를 제외한 재료를 넣고 섞은 후 포도씨유를 넣어 한번 더 섞는다.

연겨자 1작은술

설탕 2작은술

레몬즙 2큰술

양조간장 2작은술

다진 양파 1/2큰술

포도씨유 1큰술
(또는 카놀라유)

10~15분
1인분

- 연두부 1팩(170g)
- 양상추 약 3장(40g)
- 오이 약 1/3개(70g)
- 무순 약간(생략 가능)
- 가쓰오부시 1/3컵
  (2g, 생략 가능)

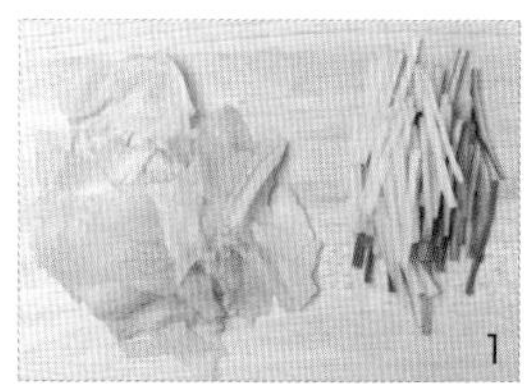

[연두부 샐러드]

01 양상추는 찬물에 씻은 후 한입 크기로 썬 다음 체에 밭쳐 물기를 뺀다. 오이는 껍질을 벗기고 가늘게 채 썬다.

02 그릇에 연두부를 담고, 양상추, 오이를 올린 다음 드레싱을 뿌린다. 무순, 가쓰오부시를 곁들인다.

Salad Tip

가쓰오부시 가다랑어를 삶아 훈연한 후 가늘게 썬 것. 요리에 감칠맛을 준다. 백화점이나 대형마트에서 구입 가능하다.

드레싱 먼저 만들기

+ 미소된장 드레싱

볼에 포도씨유를 제외한 재료를 넣고 골고루 섞은 뒤 포도씨유를 넣어 한번 더 섞는다.

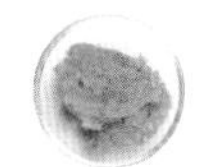
미소된장 1과 1/2큰술
★ 재료 설명 24쪽

설탕 1/2큰술

오렌지주스 3큰술

다진 양파 1큰술

포도씨유 1/2큰술
(또는 카놀라유)

스파이시 타이 누들 샐러드

바삭한 건새우 칩을 더해 씹는 재미를 살린 타이 누들 샐러드입니다.
이국적인 맛의 고추피클 드레싱은 다이어트하느라 지친 몸에 활력을 주지요.
태국 여행에서 만났던 그 누들 샐러드의 맛을 함께 즐겨보시겠어요?

25~30분
1인분

- 쌀국수 1줌(불리기 전, 50g)
- 로메인 5장(50g)
- 오이 1/2개(100g)
- 적양파 1/5개(또는 양파, 40g)
- 다진 땅콩 1큰술
- 고수 약간

★ 재료 설명 23쪽

건새우 칩

- 건새우 1/2컵(15g)
- 물 1큰술
- 식용유 1큰술
- 설탕 1작은술
- 양조간장 2/3작은술
- 통후추 간 것 약간

01

쌀국수는 미지근한 물에 담가
포장지에 적힌 시간만큼 불린다.

02

끓는 물(4컵)에 쌀국수를 넣고
30~40초간 삶는다. 찬물에 헹구고
체에 밭쳐 물기를 없앤다.

03

로메인은 찬물에 씻어
체에 밭쳐 물기를 빼고,
한입 크기로 썬다.

04

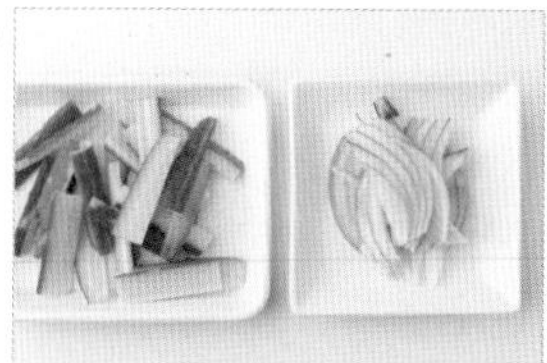

오이는 6cm 길이로 썬다.
길게 반을 가른 후
0.3cm 두께로 납작하게 썬다.
적양파는 가늘게 채 썬다.

05

달군 팬에 건새우 칩 재료를
모두 넣고 중약 불에서
1분 30초간 볶는다.

06

그릇에 모든 재료를 담고,
드레싱을 곁들인다.

+ 고추피클 드레싱

❶ 태국고추 피클은 잘게 다진다.
❷ 볼에 포도씨유를 제외한 재료를 넣고 섞은 후 포도씨유를 넣어 한번 더 섞는다.

 + 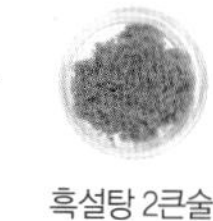

태국고추 피클 5개 (또는 청양고추 1개)
★ 재료 설명 25쪽
흑설탕 2큰술

 + 

레몬즙 2큰술
피쉬소스 1큰술
★ 재료 설명 25쪽

 + 

양조간장 2작은술
다진 마늘 2작은술

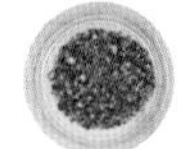 + 

통후추 간 것 약간
포도씨유 1큰술 (또는 카놀라유)

||

Salad Tip

좀 더 이국적인 맛을 더하고 싶다면 고수와 함께 바질, 민트잎 등의 허브를 더한다.

동남아풍 새우 샐러드

짭조름한 피쉬소스가 입맛을 돋우는 샐러드랍니다. 셀러리와
오이가 듬뿍 들어가 아삭한 식감이 좋지요. 쌀국수를 데쳐서 드레싱에
버무려 함께 곁들이면 가볍지만 푸짐한 한 끼 식사용 샐러드가 됩니다.

20~25분
1인분

- 새우(중하) 8마리
- 오이 1/2개(100g)
- 셀러리 50cm(75g)
- 적양파 1/5개
  (또는 양파, 40g)
- 홍고추 1개
- 캐슈너트 2큰술
  (또는 땅콩, 아몬드)
- 통후추 간 것 약간
- 식용유 1큰술

01

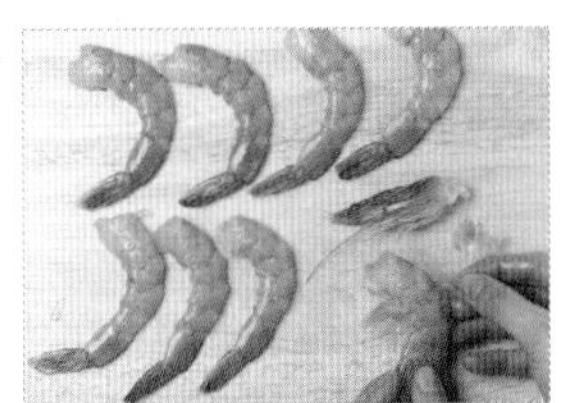

새우는 머리, 껍질을 벗기고
꼬리, 살만 남긴다.
★ 새우 손질하기 14쪽

02

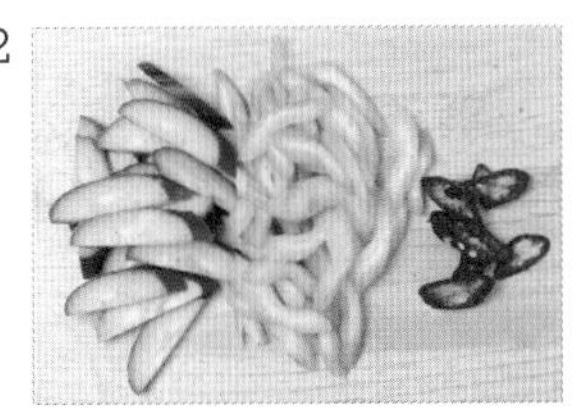

셀러리는 필러로 섬유질을 벗긴다.
셀러리, 오이, 홍고추는
0.5cm 두께로 어슷 썬다.

03

적양파는 가늘게 채 썰고,
캐슈너트는 굵게 다진다.

04

달군 팬에 식용유, 새우,
통후추 간 것을 넣고 중간 불에서
앞뒤로 각각 1분씩 굽는다.

05

그릇에 모든 재료를 담고
드레싱을 곁들인다.

Salad Tip

새우가 없거나 손질하기 번거롭다면? 오징어, 자숙 문어, 주꾸미 등으로 대체해도 좋다.
새우 손질이 번거롭다면 시판 칵테일새우나 생새우살을 사용해도 좋다.

+ 피쉬소스 드레싱

볼에 포도씨유를 제외한 재료를 섞은 후
포도씨유를 넣어 한번 더 섞는다.

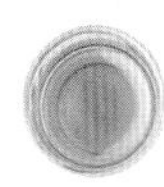

피쉬소스 2큰술
★ 재료 설명 25쪽

\+

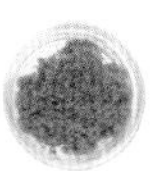

흑설탕 2큰술(또는 설탕)

\+

레몬즙 3큰술

\+

다진 셀러리 1큰술

\+

다진 양파 1큰술

\+

다진 마늘 1작은술

\+

포도씨유 2큰술
(또는 카놀라유)

||

살사와 과콰몰리를 곁들인 또띠야

채소가 조금 지겨워졌다면 살사와 과콰몰리(아보카도 소스)로 한 끼를 대신해보세요. 아보카도에는 비타민뿐만 아니라 필수지방산이 들어있어 피부에도 좋답니다. 늦은 저녁 가벼운 안주로도 좋아요.

20~25분
1인분

- 또띠야(6인치) 2~3장

살사
- 방울토마토 10개(150g)

과콰몰리(아보카도 소스)
- 아보카도 1개(손질 후, 160g)
- 양파 1/10개(20g)
- 빨간 파프리카 1/4개(50g)
- 레몬즙 1큰술
- 핫소스 1/2큰술
- 소금 1/2작은술
- 통후추 간 것 약간

01

방울토마토는 굵게 다진다.
드레싱과 버무린 후
냉장실에 넣어둔다.

02

과콰몰리용 양파, 파프리카는
잘게 다진다.

03

볼에 아보카도 과육, 레몬즙을
넣은 후 숟가락으로 대강 으깬다.
★ 아보카도 손질하기 15쪽

04

양파, 파프리카, 핫소스, 소금,
통후추 간 것을 넣고 섞어
과콰몰리를 만든다.

05
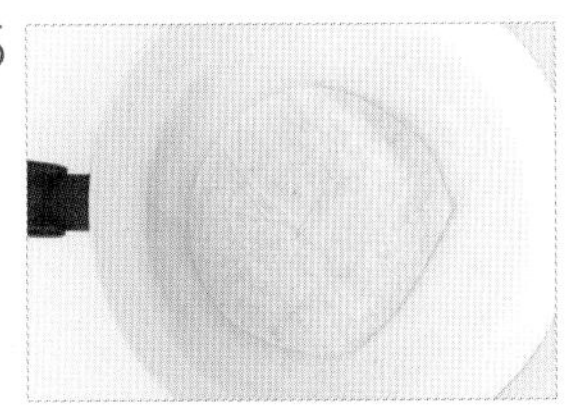
달군 팬에 또띠야를 넣고
중간 불에서 앞뒤로 각각
30초씩 구운 후 6등분한다.
그릇에 또띠야, ①의 살사,
④의 과콰몰리를 각각 담는다.

Salad Tip

아보카도 고르는 법 아보카도는 어두운 청록색을 띠며 표면이 매끄럽고, 만졌을 때 너무 무르거나 지나치게 단단하지 않은 것이 좋다. 덜 익은 아보카도는 쿠킹포일로 감싸 실온에 두면 시간이 지날수록 익는다.

드레싱 먼저 만들기

+살사 드레싱

볼에 올리브유를 제외한 재료를 넣고 섞은 후 올리브유를 넣고 한번 더 섞는다.

다진 양파 3큰술

+

다진 고수 1큰술
★ 재료 설명 23쪽

+

소금 1/2작은술

+

다진 마늘 1/2작은술

+

통후추 간 것 약간

+

레몬즙 1/2큰술

+

올리브유 2작은술

||

또띠야 치즈구이 샐러드

또띠야에 치즈를 얹어 구운 후 샐러드를 곁들였어요.
고소한 또띠야와 구운 채소, 매콤한 페스토 드레싱이
잘 어우러지는 메뉴지요.

20~25분
1인분

- 또띠아(6인치) 2장
- 파르미지아노 치즈 15g (또는 파마산 치즈가루) ★ 재료 설명 24쪽
- 어린잎 채소 1줌(20g)
- 마늘 3쪽
- 가지 1/2개(70g)
- 방울토마토 8개(120g)
- 소금 1/2작은술
- 식용유 1~2큰술

01

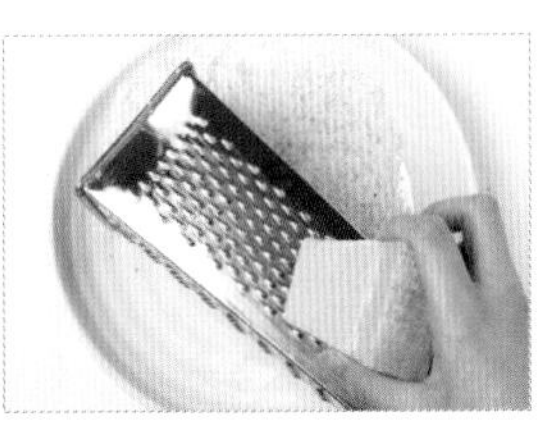

오븐은 220℃로 예열한다.
파르미지아노 치즈는
그레이터(또는 강판)로 곱게 간다.

02

오븐 팬에 또띠아를 올리고
파르미지아노 치즈를 뿌린다.
예열된 오븐의 윗칸에서 치즈가
녹을 때까지 3~4분간 굽는다.

03

어린잎 채소는 찬물에 씻은 후
체에 밭쳐 물기를 뺀다.

04

마늘은 편 썰고, 가지는
사방 1.5cm 크기로 썬다.

05

달군 팬에 식용유, 마늘, 가지,
방울토마토, 소금을 넣고
중간 불에서 2분간 볶는다.

06

그릇에 또띠아, 볶은 채소,
어린잎 채소를 올린 다음
드레싱을 곁들인다.

Salad Tip

칼로리를 낮추고 싶다면 또띠아에 뿌리는 치즈를 생략하거나, 통곡물 또띠아, 곡물빵으로 대체해도 좋다.
색다르게 즐기고 싶다면? 채소를 잘게 다진 후 드레싱과 버무려 크래커에 올리면 카나페로도 즐길 수 있다.

+매콤한 페스토 드레싱

작은 믹서에 재료를 모두 넣고 곱게 간다.

바질 10장
★ 재료 설명 23쪽

+

잣 2큰술(20g)

+

파르미지아노 치즈 2큰술
(또는 파마산 치즈가루, 10g)
★ 재료 설명 24쪽

+

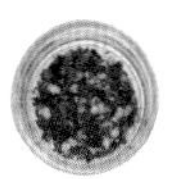

크러시드페퍼 1/2작은술
(또는 굵은 고춧가루)
★ 재료 설명 25쪽

+

소금 1/3작은술

+

다진 마늘 1작은술

+

올리브유 4큰술

||

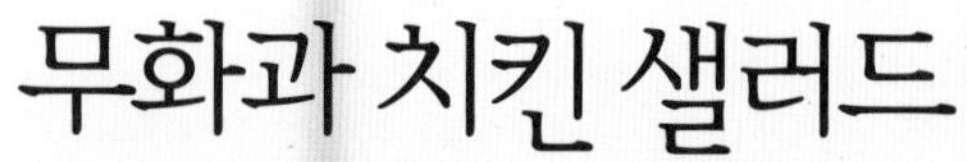

무화과 치킨 샐러드

톡톡 씹히는 맛이 재미있는 말린 무화과를 레드와인에 넣고 졸여 달콤하고 향긋한 드레싱을 만들었어요. 이 드레싱과 잘 어울리는 닭가슴살을 곁들여 칼로리는 낮추면서 영양의 균형도 맞췄답니다.

20~25분
1인분

- 닭가슴살 1쪽(100g)
- 로메인 6장(60g)
- 적양파 1/5개(또는 양파, 40g)
- 말린 로즈메리 약간
  (또는 말린 파슬리, 생략 가능)
- 소금 약간
- 통후추 간 것 약간
- 식용유 1큰술

01

레드와인 무화과 드레싱을 먼저 만든다.

02

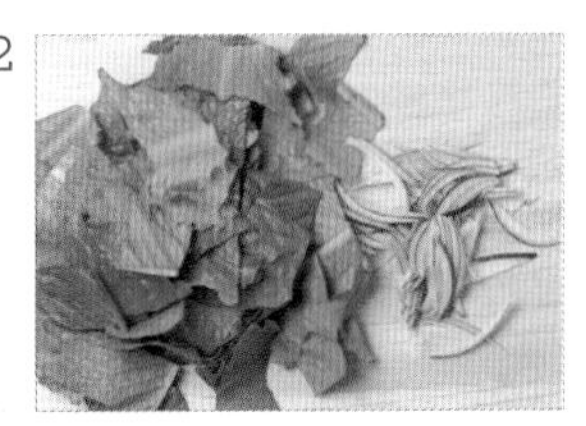

로메인은 찬물에 헹군 후 체에 밭쳐 물기를 뺀 다음 한입 크기로 썬다. 적양파는 가늘게 채 썬다.

03

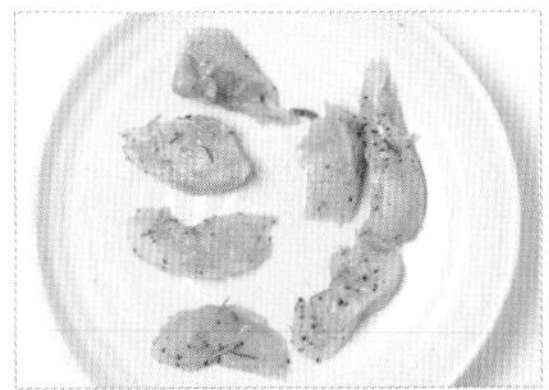

닭가슴살은 1cm 두께로 저미듯이 썬다. 말린 로즈메리, 소금, 통후추 간 것과 버무려 밑간한다.

04

달군 그릴 팬(또는 팬)에 식용유, 닭가슴살을 올려 중약 불에서 앞뒤로 3~4분간 뒤집어가며 노릇하게 굽는다.

05

그릇에 로메인, 적양파, 닭가슴살을 담고 드레싱을 곁들인다.

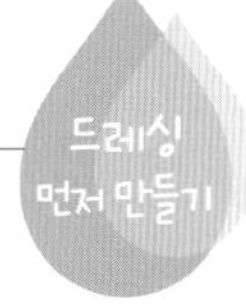

+ 레드와인 무화과 드레싱

❶ 말린 무화과는 2등분한다.
❷ 냄비에 말린 무화과, 레드와인, 설탕을 넣고 중간 불에서 저어가며 드레싱의 양이 반으로 줄어들 때까지 10~15분간 졸인다.
❸ 불을 끄고 나머지 재료를 섞는다.

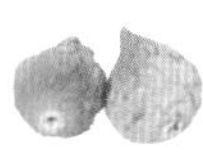

말린 무화과 10개

+

레드와인 1컵

+

설탕 4작은술

+

소금 1/2작은술

+

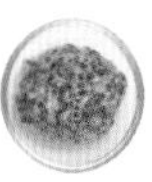

씨겨자 1작은술(또는 머스터드)
★ 재료 설명 24쪽

+

레몬즙 2큰술

+

올리브유 1큰술

=

Salad Tip

닭가슴살 누린내 없애는 방법 닭가슴살은 식으면서 누린내가 날 때가 있다. 닭가슴살을 밑간하기 전에 잠길 만큼의 우유에 30분~1시간 정도 통째로 넣어둔 후 사용하면 누린내를 최대한 없앨 수 있다.

미트볼 샐러드

미트볼은 주로 토마토소스 파스타나 진한 소스에 곁들여 먹는데요,
그 대신 채소에 곁들여 샐러드로 즐겨보세요. 더 가볍게 즐길 수 있고,
알싸한 씨겨자 불고기 드레싱이 미트볼의 맛과 잘 어울립니다.

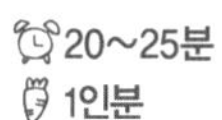

20~25분
1인분

- 다진 쇠고기 100g
- 베이컨 약 2줄(30g)
- 양상추 약 5장(70g)
- 치커리 6~7장(20g)
- 노란 파프리카 1/4개(50g)
- 말린 크랜베리 1큰술
  (또는 건포도, 생략 가능)
- 말린 오레가노 1/2작은술
  (또는 말린 파슬리, 생략 가능)
- 소금 약간
- 통후추 간 것 약간
- 식용유 1큰술

01

양상추, 치커리는 찬물에
씻은 후 한입 크기로 뜯어
체에 밭쳐 물기를 뺀다.
파프리카는 0.7cm 두께로 채 썬다.

02

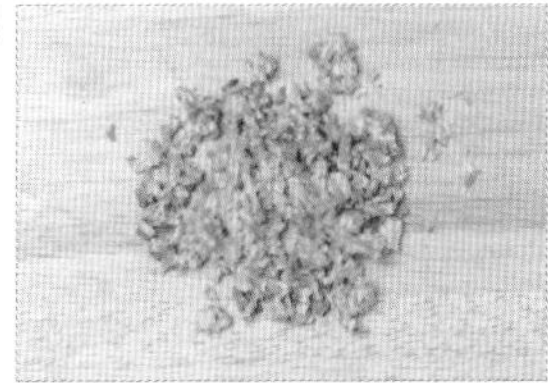

베이컨은 잘게 다진다.

03

다진 쇠고기는 키친타월로 감싸
핏물을 없앤다. 볼에 다진 쇠고기,
베이컨, 말린 오레가노, 소금,
통후추 간 것을 넣고 치댄다.

04

6등분한 후 동그랗게 만든다.

05

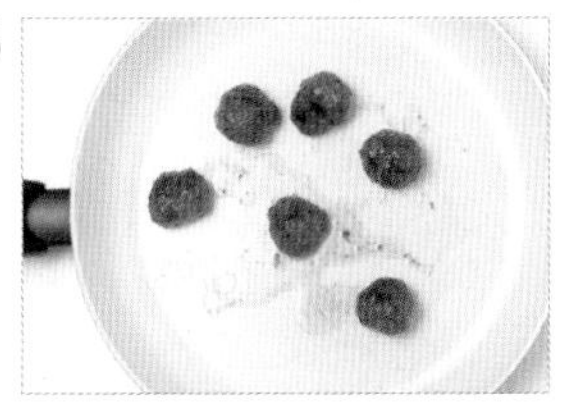

달군 팬에 식용유, ④를 넣고
중약 불에서 5분간 굴려가며
노릇하게 굽는다.

06

그릇에 양상추, 치커리, 파프리카,
말린 크랜베리를 담는다.
미트볼을 담고 드레싱을 뿌린다.

Salad Tip

칼로리를 낮추고 싶다면? 미트볼 대신 닭가슴살이나 생식 두부를 곁들인다.
닭가슴살 1쪽(100g)을 삶은 후 찢어서 넣거나(115쪽) 통조림 닭가슴살을 사용한다. 생식 두부는 그대로 더한다.

+ 씨겨자 불고기 드레싱

볼에 포도씨유를 제외한 재료를
넣고 섞은 후 포도씨유를 넣어
한번 더 섞는다.

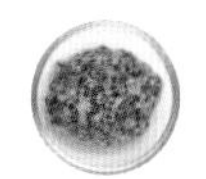 + 

씨겨자 1/2큰술
(또는 머스터드)
★ 재료 설명 24쪽

설탕 2작은술

 + 

양조간장 1큰술

식초 1큰술

 + 

맛술 1/2큰술

다진 양파 1큰술

 + 

다진 마늘 1/2작은술

다진 파 1/2작은술

 = 

포도씨유 1큰술
(또는 카놀라유)

고구마 퀴노아 샐러드

퀴노아는 곡물 중에서도 영양이 뛰어난 편이에요. 덕분에 건강식으로 사랑받고 있지요. 단백질 함량이 높은 퀴노아와 섬유질이 풍부한 고구마로 만든 샐러드입니다. 다소 퍽퍽하고, 지루할 수 있는 고구마에 달콤한 맛의 메이플시럽 드레싱을 곁들여 보았어요.

포테이토 에그 샐러드

가장 쉽고 간단하지만, 누구나 좋아하는 샐러드가 감자 샐러드와 에그 샐러드이지요. 남녀노소 좋아하는 두 가지 샐러드를 동시에 느껴보세요. 그 자체로 먹어도 좋고, 곡물빵을 곁들이면 좀 더 든든한 한 끼가 된답니다.

25~30분
1인분

- 고구마 1개(200g)
- 익힌 퀴노아 1/2컵
  ★ 퀴노아 익히기 14쪽
- 적양파 1/10개(20g)
- 볶은 아몬드 1큰술
  ★ 견과류 볶기 15쪽
- 시금치 1줌(50g)
- 올리브유 1큰술
- 시나몬파우더 1/3작은술
- 소금 약간
- 통후추 간 것 약간

2

3

[고구마 퀴노아 샐러드]

01 오븐은 200℃로 예열한다. 고구마는 한입 크기로 썬 후 올리브유, 시나몬파우더, 소금, 통후추 간 것과 버무린다.

02 오븐 팬에 고구마를 펼쳐 담는다. 예열된 오븐의 가운데 칸에서 8~10분간 노릇하게 구운 후 한 김 식힌다.

03 시금치는 한입 크기로 썰고, 적양파는 가늘게 채 썬다.

04 그릇에 모든 재료를 담고 드레싱을 곁들인다.

드레싱 먼저 만들기

+메이플시럽 드레싱

볼에 포도씨유를 제외한 재료를 넣고 섞은 후 포도씨유를 넣어 한번 더 섞는다.

메이플시럽 1큰술 (또는 꿀) + 소금 1작은술 + 레몬즙 2큰술

+ 다진 양파 1큰술 + 다진 마늘 1/2작은술 + 포도씨유 1큰술 (또는 카놀라유)

=

25~30분
1인분

- 감자 1/2개(100g)
- 달걀 2개
- 적양파 1/4개 (또는 양파, 50g)
- 피클 3~4개(20g)
- 이탈리안 파슬리 1줄기 (생략 가능)
  ★ 재료 설명 23쪽
- 소금 약간

2

5

[포테이토 에그 샐러드]

01 냄비에 달걀, 잠길 만큼의 물을 넣은 후 센 불에서 끓기 시작하면 불을 끄고 뚜껑을 덮어 12분간 둔다.

02 달걀을 찬물에 담가 식힌 후 껍질을 벗기고 2~3등분으로 뜯는다.

03 감자는 껍질을 벗긴 다음 한입 크기로 썬다. 내열용기에 감자, 물 1큰술, 소금을 넣고 뚜껑을 덮는다.

04 전자레인지에 넣고 감자가 익을 때까지 7~8분간 익힌 후 볼에 담는다. 감자가 뜨거울 때 포크로 으깬다.

05 양파는 가늘게 채 썰고, 피클은 잘게 다진다.

06 그릇에 모든 재료를 넣고 드레싱과 버무린다.

드레싱 먼저 만들기

+씨겨자 드레싱

볼에 올리브유를 제외한 재료를 넣고 섞은 후 올리브유를 넣어 한번 더 섞는다. 만든 드레싱의 1/2분량만 더한다. 남은 드레싱은 7일간 냉장 보관 가능.

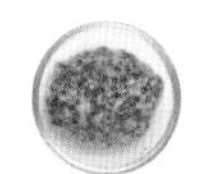

씨겨자 2작은술 (또는 머스터드) + 설탕 4작은술 + 소금 1작은술

★ 재료 설명 24쪽

식초 4큰술 + 다진 양파 1큰술 + 올리브유 1큰술

=

대합 소면 샐러드

매콤한 비빔국수에 채소를 듬뿍 넣어
샐러드로 변형했습니다. 쫄깃한 대합과
향긋한 깻잎을 듬뿍 넣은 것이 특징이지요.
조금 더 가볍게 즐기고 싶다면
소면 대신 메밀면이나 곤약면을 더하세요.

25~30분
1인분

- 대합 2개(또는 통조림 골뱅이 3~4마리)
- 소면 1줌(70g)
- 깻잎 4장
- 오이 1/4개(50g)
- 양파 1/10개(20g)

01

냄비에 대합, 잠길 만큼의 물을 넣고 끓어오르면 5~7분간 입이 벌어질 때까지 익힌다.

02

깻잎은 돌돌 말아 가늘게 채 썬다.

03

오이는 5cm 길이로 가늘게 채 썰고, 양파는 링 모양으로 가늘게 썬다.

04

데친 대합은 살만 발라낸 후 굵게 다진다.

05

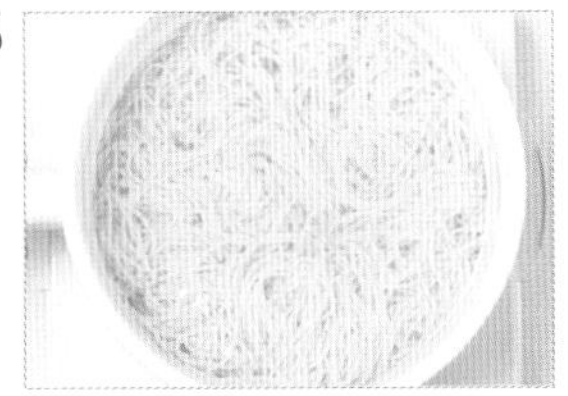

끓는 물(6컵) + 소금(1작은술)에 소면을 넣어 제품 포장지에 적힌대로 삶는다. 삶는 도중 끓어오를 때마다 찬물 1/2컵을 2~3회 더한다. 찬물에 비벼가며 헹군 후 체에 밭쳐 물기를 뺀다.

06

그릇에 소면, 대합, 채소를 담은 후 드레싱을 곁들인다.

드레싱 먼저 만들기

+ 초고추장 드레싱

볼에 포도씨유를 제외한 재료를 넣고 섞은 후 포도씨유를 넣고 한번 더 섞는다.

고춧가루 2작은술

\+

설탕 1큰술

맛술 1큰술

\+

식초 1큰술

다진 마늘 1작은술

\+

다진 양파 1큰술

고추장 2작은술

\+

고추냉이(와사비) 1/2작은술

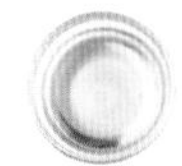

포도씨유 2큰술 (또는 카놀라유)

=

Salad Tip

대합이 없을 때 대체하는 방법은? 데친 백합이나 통조림 꼬막, 통조림 골뱅이로 대체해도 좋다.

메밀 샐러드

더운 여름이 되면 시원한 메밀국수가 생각나죠. 국수만 먹는 것보다
채소를 듬뿍 곁들인 샐러드로 즐기면 건강에 좋고 칼로리도 낮출 수 있어
다이어트에 도움이 됩니다. 가벼운 한 그릇 식사로 메밀 샐러드를 즐겨보세요.

15~20분
1인분

- 메밀면 1줌(70g)
- 생새우살 8마리(120g)
- 적양배추 2장
  (또는 양배추, 60g)
- 쪽파 1줄기(생략 가능)
- 팽이버섯 약간(생략 가능)

01

적양배추는 가늘게 채 썬다.

02

팽이버섯은 2cm 길이로 썰고,
쪽파는 송송 썬다.

03

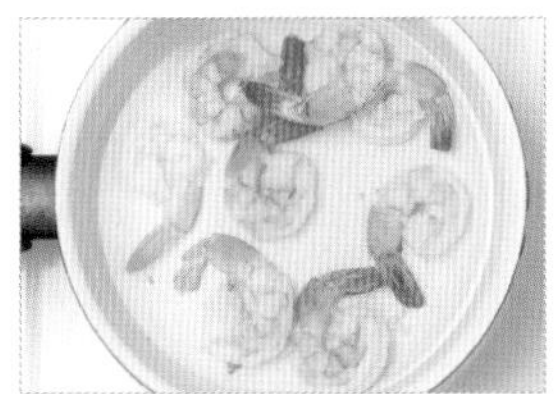

끓는 물(5컵) + 소금(1작은술)에
생새우살을 넣고 2분간 데친다.
찬물에 헹궈 체에 밭쳐 물기를 뺀다.

04

끓는 물(6컵) + 소금(1작은술)에
메밀면을 넣어 제품 포장지에
적힌대로 삶는다. 삶는 도중
끓어오를 때마다 찬물 1/2컵을
2~3회 더한다. 찬물에 비벼가며
헹군 후 체에 밭쳐 물기를 뺀다.

05

그릇에 모든 재료를 담은 후
드레싱을 부어 버무린다.

+ 통깨 드레싱

작은 믹서에 참기름을 제외한 재료를 넣고
곱게 간 후 참기름을 넣어 한번 더 섞는다.

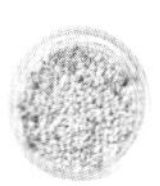

통깨 1큰술

+

설탕 1과 1/2큰술

+

레몬즙 4작은술

+

양조간장 3큰술

+

맛술 1큰술

+

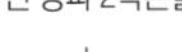

다진 양파 2작은술

+

참기름 1큰술

||

Salad Tip

메밀면 다른 밀가루 면에 비해 칼로리가 낮고 단백질 함량이 높은 면. 덕분에 다이어트에도 도움이 된다.

곤약 샐러드

칼로리가 낮아 다이어트 음식으로 사랑받는 곤약을 샐러드로 즐겨보세요.
섬유질이 풍부한 다시마와 아삭한 식감이 좋은 래디시도 곁들였답니다.
집에 있는 장아찌와 국물로 개운한 맛의 드레싱을 만들어 간단하게 한 끼로 즐기기 좋습니다.

15~20분
1인분

- 실곤약 1팩(150g)
- 다시마 4×7cm
- 래디시 1개
- 새싹채소(또는 어린잎 채소) 10g

01

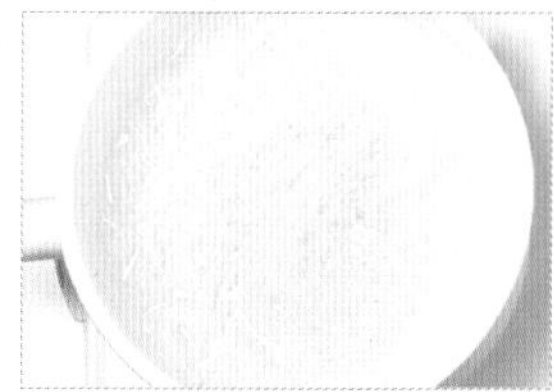

끓는 물(6컵)에 실곤약을 넣어 30초간 데친 후 체로 건져 찬물에 헹군다. 실곤약을 데친 끓는 물에 다시마를 넣고 5분간 데친다.

02

다시마는 키친타월로 물기를 닦은 후 가늘게 채 썬다. 래디시는 얇게 채 썬다.

03

그릇에 실곤약, 다시마, 새싹채소를 담고 드레싱을 곁들인다.

+장아찌 드레싱

볼에 참기름을 제외한 재료를 넣어 섞은 후 참기름을 넣어 한번 더 섞는다.

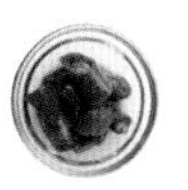

다진 고추장아찌 1큰술

\+

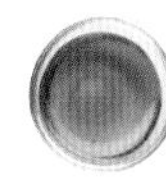

간장 장아찌 국물 5큰술

\+

설탕 1/2큰술

\+

양조간장 1큰술

\+

다진 양파 2작은술

\+

참기름 1작은술

||

Salad Tip

곤약 100g당 5kcal도 안되는 저칼로리 제품으로 묵, 국수 등 다양한 형태로 판매된다.

Chapter 4

뱃살 걱정 없는 저칼로리 안주 샐러드

술안주로 먹는 메뉴들은 보통 튀김이나 볶음, 전 등 기름을 써서 조리하는 음식이
많다 보니 칼로리가 높습니다. 늦은 저녁 시간에 고칼로리의 안주를 술과 함께
먹다 보면 살이 찌고, 건강을 해치는 건 어쩔 수 없는 결과일 텐데요, 조금이라도
살이 덜 찌고, 소화도 잘 되는 부담 없는 샐러드로 안주를 만들어 보세요.
기름에 조리한 음식, 고기나 해물 등 단백질 위주의 메뉴일지라도 채소를 듬뿍
곁들여 샐러드로 만들면 늦은 시간에 먹어도 부담스럽지 않고, 다음날 속이
많이 불편하다거나 퉁퉁 붓거나 하는 일이 없어요. 안주용 샐러드를 만들 때는
채소 외에 다양한 부재료를 써서 그릇 안에서 여러 가지 맛을 주는 것이 좋고,
드레싱도 다른 샐러드보다 조금 더 자극적으로 만드는 것이
다소 밋밋할 수 있는 채소를 근사한 안주로 바꾸는 방법이 됩니다.

치즈 샐러드 + 스파클링와인, 화이트와인

와인을 마실 때면 치즈를 안주 삼아 먹는 경우가 많죠.
치즈는 나트륨 함량이 높은 편이라 채소와 함께 먹는 것이 좋습니다.
치즈에 채소를 듬뿍 곁들여 더욱 건강한 안주를 만들어보세요.

10~15분
2~3인분

- 쌈 채소 100g
- 파르미지아노 치즈 30g
  ★ 재료 설명 24쪽
- 까망베르 치즈 1/4개(25g)
- 에멘탈 치즈 30g
  (또는 브리 치즈)
- 컬러 방울토마토 7개
  (또는 방울토마토, 100g)

01

쌈 채소는 찬물에 씻은 후
한입 크기로 뜯고
체에 밭쳐 물기를 뺀다.

02

세 가지 치즈는 한입 크기로 썬다.

03

그릇에 쌈 채소, 컬러 방울토마토,
치즈를 담고 드레싱을 곁들인다.

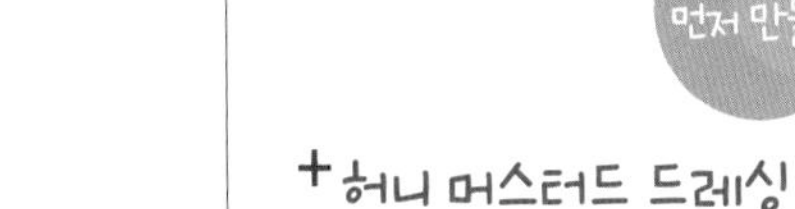

+ 허니 머스터드 드레싱

볼에 올리브유를 제외한 재료를 넣고
섞은 후 올리브유를 넣어 한번 더 섞는다.

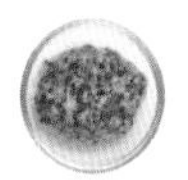
씨겨자 2작은술
(또는 머스터드)
★ 재료 설명 24쪽

+

꿀 4작은술

+

소금 1작은술

+

레몬즙 2큰술

+

올리브유 2큰술

=

Salad Tip

이 샐러드에 쓰인 세 가지 치즈 모두 가공치즈가 아닌 자연치즈이다.
자연치즈를 구하기 어렵다면, 가공치즈를 쓰되 생치즈 함량이 높은 것을 고르도록 한다.

파르미지아노 치즈(파르미지아노 레지아노, Parmigiano reggiano) 이탈리아 치즈의 왕이라 불리는 치즈로 딱딱한 경성치즈에 속하며 오래 숙성된 것일수록 복합적인 풍미를 낸다. 이탈리아 페스토 소스의 빠질 수 없는 주재료이고, 샐러드, 수프, 파스타, 고기 요리 등 이탈리아 요리에 두루 쓰인다.
까망베르 치즈(Camembert) 고소하고 부드러운 맛을 지닌 흰곰팡이 치즈로 부드러운 타입이다.
빵이나 크래커에 발라 먹기 좋고, 겉부분엔 얇은 껍질 층이 있는데 따로 벗겨내지 않아도 된다.
에멘탈 치즈(Emmental) 스위스의 치즈로 일명 '톰과 제리 치즈'로 불리는 구멍이 송송 뚫린 치즈이다.

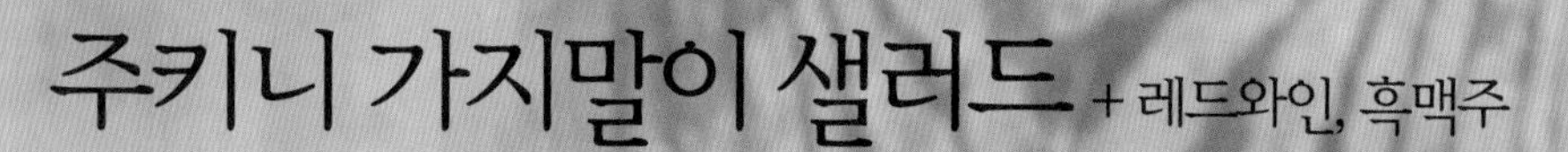

얇게 썬 주키니와 가지에 파프리카를 넣고 돌돌 말아서
오븐에 구운 샐러드예요. 가운데에 브리 치즈나 새우를 함께 넣어도 좋고,
햄이나 베이컨 등을 사용해도 좋으니 다양한 방법으로 즐겨보세요.

30~35분
2~3인분

- 주키니 1/2개
  (길이로 자른 것, 200g)
- 가지 약 1/2개
  (길이로 자른 것, 70g)
- 빨간 파프리카 1/2개(100g)
- 파르미지아노 치즈 20g
  (또는 파마산 치즈가루)
  ★ 재료 설명 24쪽
- 소금 1작은술
- 통후추 간 것 약간
- 올리브유 약간

01

주키니, 가지는 필러로 얇고 길게 슬라이스한 후 소금을 뿌린다.

02

파프리카는 3×4cm 크기로 썬다.

03

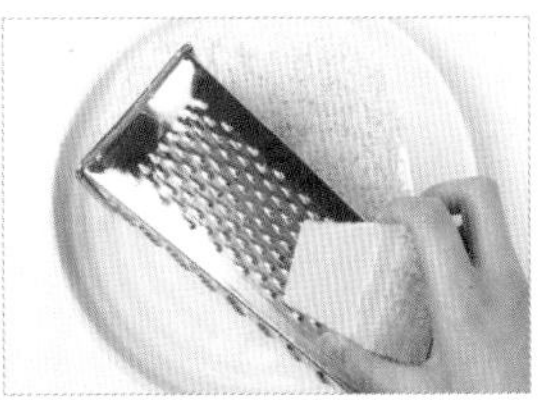

오븐은 220℃로 예열한다. 파르미지아노 치즈는 그레이터(또는 강판)로 곱게 간다.

04

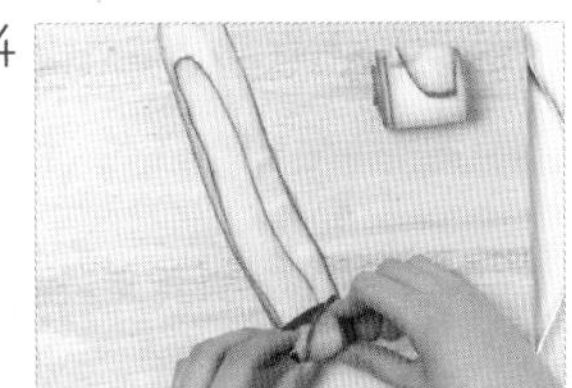

주키니 2장과 가지 1장을 겹친다. 한쪽 끝에 파프리카를 놓고 돌돌 만다.

05

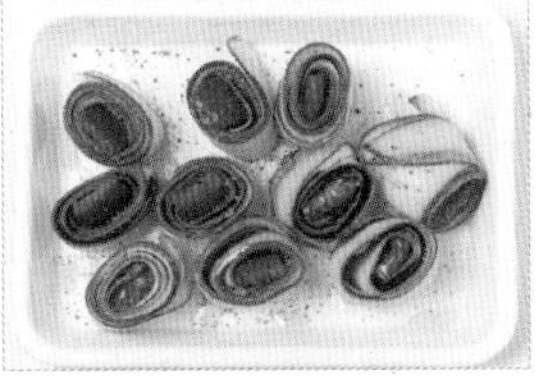

내열용기에 ④를 세워 담은 후 통후추 간 것, 올리브유를 뿌린다.

06

예열된 오븐의 가운데 칸에서 15분, 파르미지아노 치즈를 뿌린 후 5분간 더 굽는다. 드레싱을 곁들여 따뜻하게 즐긴다.

Salad Tip

오븐 대신 팬으로 만들려면? 과정 ⑤까지 진행한 후 이쑤시개(또는 꼬치)로 꽂아 풀어지지 않도록 한다. 달군 팬에 올리브유를 두르고 중간 불에서 앞뒤로 각각 2~3분씩 굽는다. 이때, 뚜껑을 덮고 구워야 속까지 잘 익는다. 그릇에 담고 치즈를 뿌린 후 드레싱을 곁들인다.

드레싱 먼저 만들기

+앤초비 드레싱

❶ 앤초비는 잘게 다진다.
❷ 볼에 올리브유를 제외한 재료를 넣고 섞은 후 올리브유를 넣고 한번 더 섞는다.

앤초비 3마리(15g)
★ 재료 설명 24쪽

+

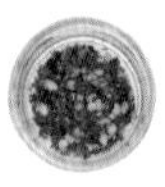

크러시드페퍼 1/2작은술
(또는 굵은 고춧가루)
★ 재료 설명 25쪽

+

다진 양파 1큰술

+

다진 마늘 1작은술

+

올리브유 3큰술

||

Dressing Tip

앤초비가 부담스럽다면 페스토 드레싱(197쪽), 마늘 발사믹 드레싱(203쪽)을 곁들여도 좋다.

팔라펠 샐러드 + 화이트와인

팔라펠은 칙피(Chickpea;병아리콩)를 다져서 완자 모양으로 빚은 후 튀겨낸 중동 음식이랍니다. 이 샐러드는 팔라펠을 튀기는 대신 구워 담백하며 칙피의 고소한 맛과 함께 반죽에 들어간 향신료의 향이 매력적이어서 가벼운 안주로 즐기기에도 아주 제격이랍니다.

35~40분
2~3인분

- 오이 1/2개(100g)
- 쌈 케일 10장(50g)
- 적양파 1/4개(50g)
- 통조림 병아리콩 4큰술(40g)
- 페타 치즈 50g
  ★ 재료 설명 24쪽
- 또띠아(6인치) 2장
- 올리브유 약간

팔라펠

- 통조림 병아리콩 200g
- 마늘 2쪽
- 다진 양파 2큰술
- 다진 이탈리안 파슬리 1큰술
  ★ 재료 설명 23쪽
- 밀가루 1과 1/2큰술
- 큐민 1/2작은술
- 다진 고수 1/2작은술
- 소금 약간
- 통후추 간 것 약간

01

오븐은 200℃로 예열한다. 믹서에 팔라펠 재료를 넣고 곱게 갈아준다. 12등분한 후 동그랗게 만든다.

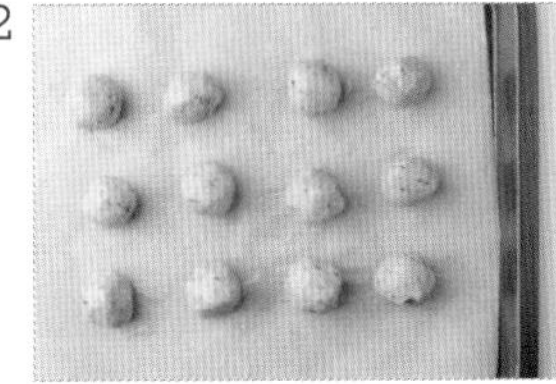

오븐 팬에 올린 후 올리브유를 바른다. 예열된 오븐의 가운데 칸에서 25~27분간 굽는다.

오이는 모양대로 얇게 썰고, 적양파는 가늘게 채 썬다. 케일은 두꺼운 줄기를 없앤 후 0.5cm 두께로 썬다.

04

또띠아는 중간 불로 달군 팬에 넣고 앞뒤로 각각 1분씩 노릇하게 굽는다.

05

그릇에 준비한 재료를 모두 담고 드레싱을 곁들인다. 또띠아에 재료, 드레싱을 올려 먹는다.

드레싱 먼저 만들기

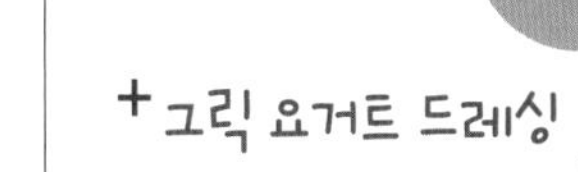

+ 그릭 요거트 드레싱

볼에 올리브유를 제외한 재료를 넣고 섞은 후 올리브유를 넣고 한번 더 섞는다.

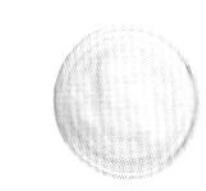

그릭 요거트 1/2컵(100㎖)

+

설탕 2작은술

+

소금 1작은술

+

레몬즙 1큰술

+

다진 마늘 1작은술

+

다진 민트잎 약간

+

올리브유 1큰술

=

Salad Tip

큐민 이국적인 매운향과 톡쏘는 맛을 가진 향신료. 우리나라에서는 양꼬치를 찍어 먹는 것으로 많이 알려져 있다.

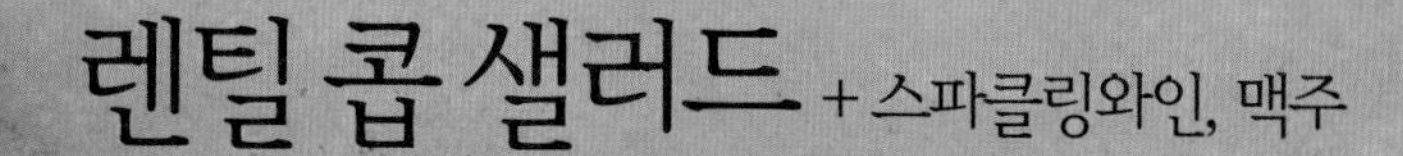

렌틸 콥 샐러드 + 스파클링와인, 맥주

콥 샐러드는 재료를 다양하게
넣은 덕분에 다채로운 맛이 좋은
샐러드이지요. 192쪽에서
베이직한 스타일의 콥 샐러드를
소개했다면, 본 페이지에서는
맛을 조금 더해보았어요.
렌틸 콩과 함께 구운 양송이버섯과
새우, 고르곤졸라 드레싱이
더해져 더욱 풍성하고
멋스러운 콥 샐러드랍니다.

후무스 샐러드 + 화이트와인

후무스는 칙피(Chickpea;병아리콩)를
갈아서 만든 퓨레로 빵에 발라 먹거나,
크래커나 채소의 딥(소스)으로
즐기기에 좋은 중동 지역 고유의
음식이랍니다. 만들어두면
일주일 정도 보관이 가능하지요.
신선한 맛이 좋은 다양한 채소를
또띠아와 함께 곁들였으니,
맛있게 즐겨볼까요?

30~35분
2~3인분

- 통조림 렌틸콩 100g
- 삶은 달걀 3개
- 방울토마토 10개(150g)
- 그린빈(줄기콩) 10개(50g)
- 양송이버섯 7개
- 생새우살 7마리(100g)
- 식용유 3큰술
- 고르곤졸라 치즈 약간
  ★ 재료 설명 24쪽
- 소금 약간
- 통후추 간 것 약간

1

2

[렌틸 콥 샐러드]

01 렌틸콩은 체에 밭쳐 물기를 없앤다.
삶은 달걀, 방울토마토는 2~3등분한다. ★ 달걀 삶기 165쪽

02 달군 팬에 식용유 1큰술, 양송이버섯, 소금, 통후추 간 것을 넣고 2분 30초간 볶아 덜어둔다. 달군 팬에 식용유 1큰, 그린빈, 소금, 통후추 간 것을 넣고 1분간 볶은 후 덜어둔다.

03 달군 팬에 식용유 1큰술, 생새우살, 소금, 통후추 간 것을 넣고 중간 불에서 2분간 굽는다. 그릇에 재료를 담고 드레싱을 곁들인다.

드레싱 먼저 만들기

+ 고르곤졸라 치즈 드레싱

작은 믹서에 올리브유를 제외한 재료를 넣고 간 후 올리브유를 넣어 한번 더 섞는다.

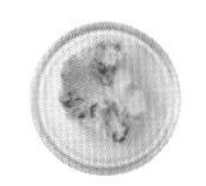
고르곤졸라 치즈 1큰술
★ 재료 설명 24쪽

+

설탕 2작은술

+

레몬즙 1큰술

떠먹는 플레인 요거트 3큰술

+

올리브유 1큰술

=

30~35분
2~3인분

- 방울토마토 10개(150g)
- 블랙올리브 10개(50g)
- 적양파 1/4개(50g)
- 오이 1/3개(70g)
- 페타 치즈 30g
  ★ 재료 설명 24쪽
- 이탈리안 파슬리 1줄기
  ★ 재료 설명 23쪽
- 파프리카 파우더 약간

2

3

후무스

- 통조림 병아리콩 200g
- 마늘 2쪽
- 레몬즙 7큰술
- 올리브유 7큰술
- 큐민 1/2작은술
- 파프리카파우더 1/2작은술
- 소금 약간
- 통후추 간 것 약간

[후무스 샐러드]

01 후무스 재료를 믹서에 넣고 곱게 간다.

02 방울토마토는 2등분하고, 블랙올리브, 적양파는 굵게 다진다.

03 오이는 사방 1cm 크기로 썰고, 파슬리는 잎만 떼어낸다.

04 납작한 그릇에 후무스를 펼쳐 담고, 파프리카파우더를 제외한 재료를 담는다. 드레싱, 파프리카파우더를 뿌린다.

드레싱 먼저 만들기

+ 레몬 드레싱

볼에 재료를 모두 넣고 섞는다.

레몬즙 1큰술

+

통후추 간 것 약간

+

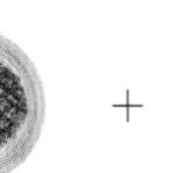
올리브유 1큰술

=

타페나드 치킨 샐러드 + 레드와인, 맥주

다진 올리브, 케이퍼 등을 올리브유와 섞어 만든 소스를 '타페나드'라고 합니다. 이는 프랑스 남부에서 유래된 소스인데요, 고기 양념이나 파스타 소스로도 활용하고 빵에 발라 먹기도 해요. 이 샐러드에서는 드레싱은 물론 고기 양념으로도 타페나드 소스를 활용했지요. 레드와인에 곁들이기 딱 좋은 이국적인 맛을 느껴보세요.

20~25분
2~3인분

- 닭가슴살 1쪽(100g)
- 라디치오 1/4통(40g)
  ★ 재료 설명 22쪽
- 쌈 채소 80g
- 레몬즙 1큰술
- 올리브유 3큰술
- 설탕 1작은술

01

라디치오, 쌈 채소는 찬물에 씻은 후 한입 크기로 뜯고 체에 밭쳐 물기를 뺀다.

02

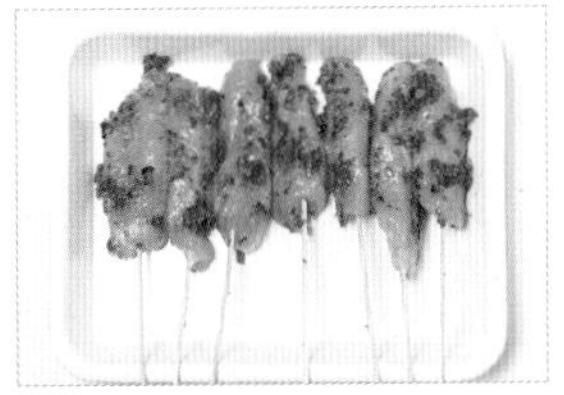

닭가슴살은 1cm 두께로 썬 후 타페나드 소스 1/2분량과 버무린 다음 꼬치에 끼운다. 남은 타페나드 소스에 레몬즙, 올리브유 1큰술, 설탕을 섞는다.

03

달군 그릴 팬(또는 팬)에 올리브유 2큰술, 닭꼬치를 올려 중간 불에서 3분~3분 30초간 뒤집어가며 노릇하게 굽는다.

04

그릇에 닭꼬치, 쌈 채소, 라디치오를 담고 ②의 소스를 뿌린다.

+ 타페나드 소스

달군 팬에 모든 재료를 넣고 중간 불에서 3분간 볶은 후 한 김 식힌다.

다진 선드라이드 토마토 3조각(25g) + 다진 블랙올리브 5개

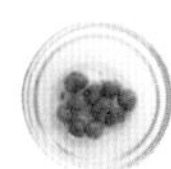
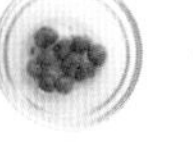

케이퍼 2큰술 ★재료 설명 25쪽 + 올리브유 2큰술

다진 양파 2큰술 + 다진 마늘 2작은술

통후추 간 것 약간 + 소금 1/2작은술

||

Dressing Tip

선드라이드 토마토는 말린 토마토를 향신료, 올리브유 등에 재운 것. 샌드위치, 파스타의 재료로 사용하면 토마토보다 진한 맛을 낼 수 있다. 대형마트나 백화점에서 구입 가능하다. 선드라이드 토마토가 없다면 시판 토마토 스파게티 소스 2큰술로 대체해도 좋고, 더 진하게 즐기고 싶다면 앤초비와 크러시드페퍼 약간씩을 더하자.

샤부샤부 샐러드 + 사케, 맥주

쇠고기와 채소를 데쳐서 식힌 후 고소한 통깨 미소된장 드레싱을 곁들였어요.
샤부샤부용 쇠고기는 기름기가 적어 칼로리가 낮고, 연근은 섬유질이 풍부해
다이어트에 좋지요. 담백하고 깔끔하게 즐길 수 있는 안주용 샐러드입니다.

15~20분
2~3인분

- 쇠고기 샤부샤부용 150g
- 연근 1/2개(150g)
- 무순 20g(또는 어린잎 채소)

01

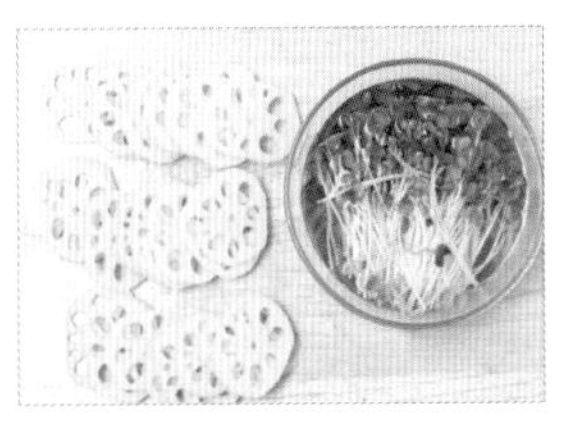

연근은 필러로 껍질을 벗기고
0.3cm 두께로 썬다.
무순은 찬물에 담갔다가
체에 밭쳐 물기를 뺀다.

02

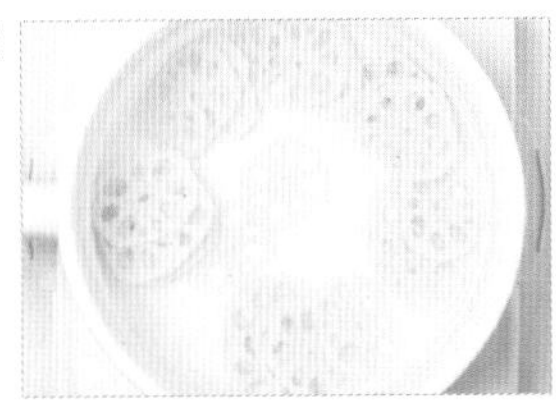

연근은 끓는 물(5컵)+
식초(3큰술)에 넣어 40초간 데친다.
찬물에 헹군 후 체에 밭쳐
물기를 뺀다.

03

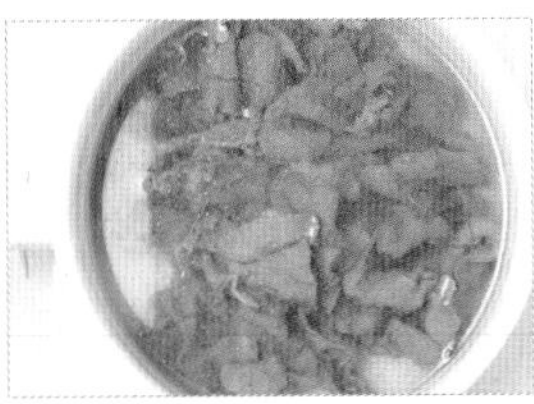

쇠고기는 끓는 물(6컵)에 넣어
30초간 데친다. 체에 밭쳐
물기를 빼고 한 김 식힌다.

04

그릇에 재료를 담고 드레싱을
곁들인다.

드레싱 먼저 만들기

+ 통깨 미소된장 드레싱

작은 믹서에 재료를 넣고 곱게 간다.

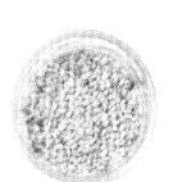

통깨 2큰술

+

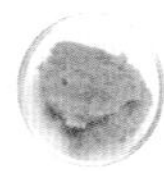

미소된장 2큰술
★ 재료 설명 24쪽

+

설탕 1큰술

+

맛술 2큰술

+

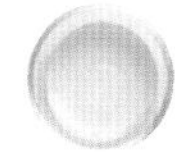

레몬즙 1큰술

+

다진 양파 2큰술

+

포도씨유 1큰술
(또는 카놀라유)

||

Salad Tip

이 샐러드에 어울리는 다른 재료들 어떤 채소를 곁들여도 잘 어울린다. 양상추, 어린잎 채소와 같이 볼륨감 있는 잎채소를 듬뿍 곁들이면 훨씬 고급스러운 느낌을 연출할 수 있다.

데블드 에그 샐러드 + 레드와인, 맥주

겨자나 고추를 넣어 매콤한 맛이 나는 음식엔 데블드(Deviled)라는 이름이 붙어요. 달걀노른자와 씨겨자를 듬뿍 넣은 드레싱을 섞은 후 다시 달걀흰자에 올려 폼 나는 핑거푸드로 만들었어요. 톡 쏘는 맛이 안주로 제격입니다.

⏰20~25분
🥕 2~3인분

- 달걀 5개
- 빨간 파프리카 약 1/3개(70g)
- 영양부추 약간
  (또는 쪽파, 생략 가능)
- 통후추 간 것 약간

01

냄비에 달걀, 잠길 만큼의 물을 넣은 후 센 불에서 끓기 시작하면 불을 끄고 뚜껑을 덮어 12분간 둔다.

02

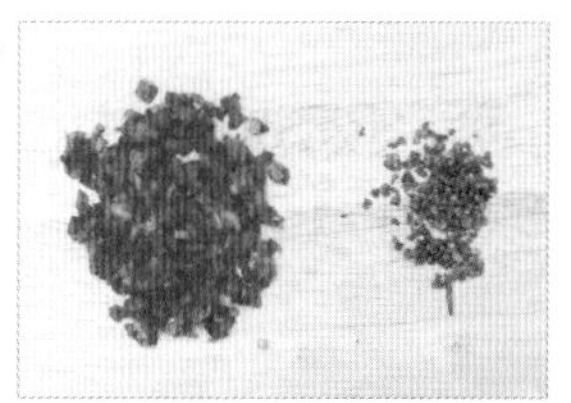

파프리카는 굵게 다지고, 영양부추는 잘게 썬다.

03

달걀을 찬물에 담가 식힌 후 껍질을 벗기고 2등분한다. 노른자는 볼에 담고, 흰자는 랩을 씌워둔다.

04

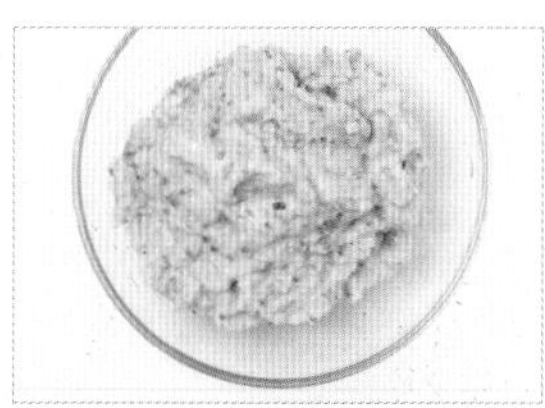

노른자를 으깬 후 파프리카, 영양부추, 통후추 간 것, 드레싱과 섞는다.

05

④를 짤주머니에 넣고 달걀흰자에 담는다.
★짤주머니가 없다면 숟가락으로 담아도 좋다.

Salad Tip

달걀 제대로 삶는 법 달걀은 삶기 20~30분 전에 미리 실온에 꺼내두면 삶는 도중에 깨지지 않는다. 냄비에 달걀, 잠길 만큼의 물을 넣는다. 센 불에서 끓기 시작하면 불을 끄고 뚜껑을 덮어 그대로 6~8분간 두면 반숙, 12~15분간 두면 완숙이 된다.

+씨겨자 마요 드레싱

볼에 모든 재료를 넣고 골고루 섞는다.

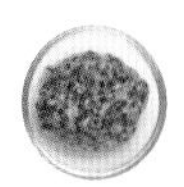

씨겨자 1큰술
(또는 머스터드)
★ 재료 설명 24쪽

+

마요네즈 2큰술

+

설탕 2작은술

+

소금 1/4작은술

+

화이트와인 식초 2작은술
(또는 식초)
★ 재료 설명 25쪽

+

다진 양파 1작은술

+

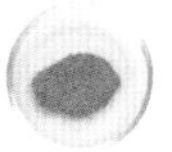

통후추 간 것 약간

||

꽈리고추 오징어 샐러드 + 스파클링와인, 화이트와인

제가 좋아하는 스패니시 타파스(Tapas ; 스페인에서 식전에 가볍게 술과 함께 먹는 요리) 종류 중에 고추구이와 오징어 구이가 있어요. 둘 다 와인에 가볍게 곁들이기 참 좋은데요, 그 두 가지를 함께 맛볼 수 있는, 간단 안주 샐러드를 만들어 봤습니다.

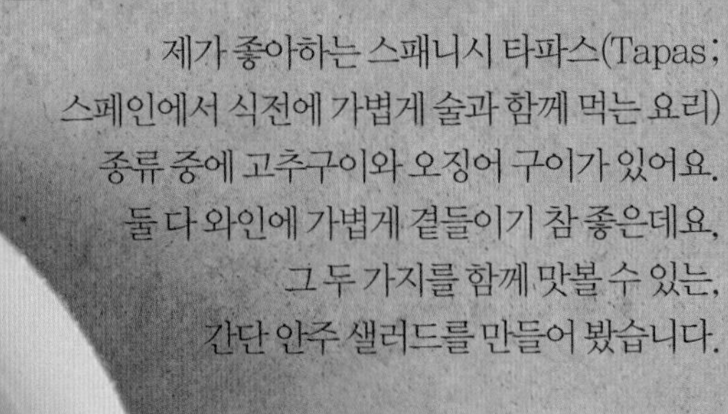

훈제오리 샐러드

+ 레드와인, 맥주

노릇하게 구우면 고소한 맛이 참 좋은 훈제오리를 풍성한 채소와 곁들였습니다. 치맥만큼이나 맥주와 궁합이 좋은 안주 샐러드랍니다.

20~25분
2~3인분

- 꽈리고추 20개(100g)
- 총알 오징어 13~15마리(250g)
- 양파 1/4개(50g)
- 마늘 7쪽
- 올리브유 3큰술
- 크러시드페퍼 1/2작은술
  ★ 재료 설명 25쪽
- 레몬 제스트 약간
  ★ 만들기 13쪽
- 소금 약간
- 통후추 간 것 약간

2

[꽈리고추 오징어 샐러드]

01 양파는 가늘게 채 썰고, 마늘은 편썬다. 총알오징어는 씻은 후 체에 밭쳐 물기를 없앤다.

02 볼에 발사믹 글레이즈, 레몬 제스트를 제외한 모든 재료를 넣고 버무린다.

03 넓은 팬을 달군 후 ②를 넣고 센 불에서 2분~2분 30초간 그을리듯 볶는다. ★ 넓은 팬에서 볶아야 수분이 날아가면서 더 맛있어진다. 팬의 크기에 따라 나눠 볶아도 좋다.

04 그릇에 담고 발사믹 글레이즈, 레몬 제스트를 뿌린다.

드레싱 먼저 만들기

+발사믹 글레이즈

❶ 작은 냄비에 재료를 모두 넣고 섞는다.
❷ 중약 불에서 저어가며 드레싱의 양이 반으로 줄어들 때까지 5~7분간 졸인다.

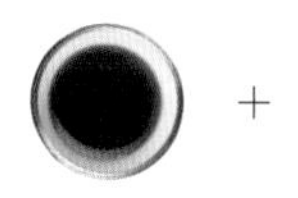
발사믹 식초 1/4컵

+

소금 1/4작은술

+

올리고당 1과 1/2큰술

=

Salad Tip

총알 오징어가 없을 때 대체하는 방법은?

총알 오징어는 대형마트, 백화점 수산물 코너, 온라인에서 구입할 수 있다. 동량(250g)의 손질 오징어 1과 1/2마리로 대체해도 좋다.

20~25분
2~3인분

- 훈제오리 슬라이스 200g
- 로메인 8장(80g)
- 오이 1/2개(100g)
- 쪽파 약 2줄기(20g)
- 래디시 1개(생략 가능)
- 통후추 간 것 약간

1

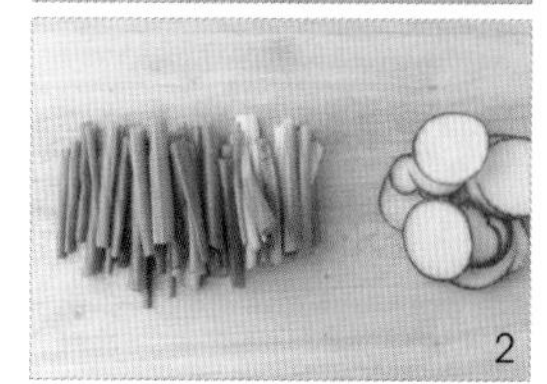
2

[훈제오리 샐러드]

01 로메인은 한입 크기로 썰고, 오이는 모양대로 얇게 썬다.

02 쪽파는 4cm 길이로 썰고, 래디시는 얇게 썬다.

03 달군 팬에 훈제오리, 통후추 간 것을 넣고 중간 불에서 2분 30초간 굽는다. 키친타월에 올려 기름기를 없앤다.

04 그릇에 모든 재료를 담고 드레싱을 곁들인다.

드레싱 먼저 만들기

+씨겨자 드레싱

볼에 올리브유를 제외한 재료를 넣고 섞은 후 올리브유를 넣어 한번 더 섞는다. 만든 드레싱의 1/2분량만 더한다. 남은 드레싱은 7일간 냉장 보관 가능.

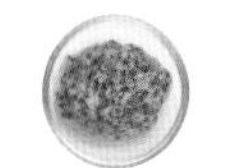
씨겨자 2작은술
(또는 머스터드)
★ 재료 설명 24쪽

+

설탕 4작은술

+

소금 1작은술

식초 4큰술

+

다진 양파 1큰술

+

올리브유 1큰술

=

앤초비 감자볼과 셀러리 스틱

+ 스파클링와인, 화이트와인, 맥주

셀러리는 특유의 아삭함과 상쾌한 향 덕분에 튀김 요리와
잘 어울리지요. 앤초비를 넣고 만든 감자볼 역시 셀러리 스틱과
궁합이 참 좋답니다. 셀러리 스틱을 위해 가벼운 요거트 딥을
만들었어요. 함께 맛 보실까요?

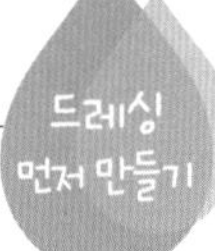

50~55분
2~3인분

- 감자 1개(200g)
- 앤초비 4마리(20g)
  ★ 재료 설명 24쪽
- 셀러리 20cm 5대(150g)
- 양파 1/20개(10g)
- 레몬즙 1큰술
- 통후추 간 것 약간
- 밀가루 1/3컵
- 달걀 2개
- 빵가루 2/3컵
- 식용유 2컵(400㎖)

01

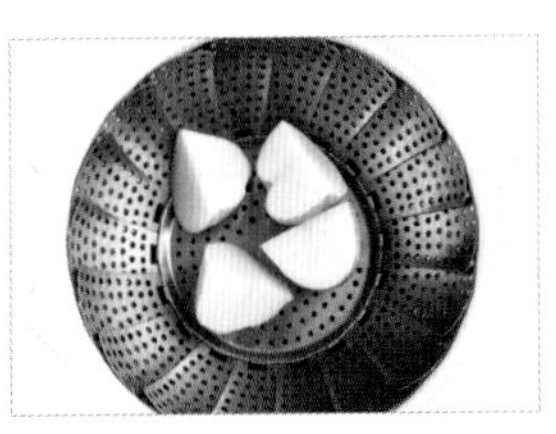

감자는 4등분한다. 김이 오른 찜기에 넣고 뚜껑을 덮어 15~20분간 완전히 익힌다.

02

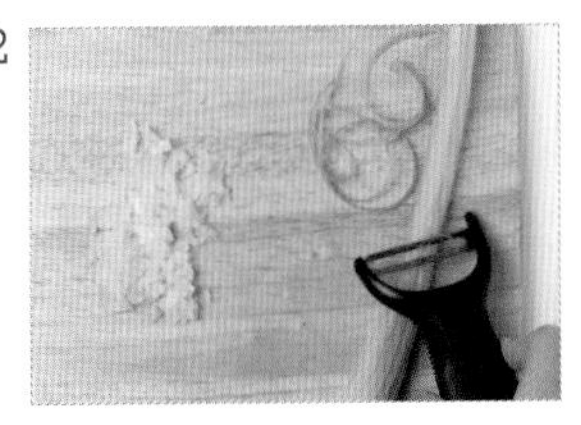

셀러리는 필러로 섬유질을 벗긴 다음 10cm 길이로 썬다. 양파, 앤초비는 잘게 다진다.

03

감자는 껍질을 벗긴 후 뜨거울 때 볼에 넣어 으깬다.

04

③의 볼에 앤초비, 양파, 레몬즙, 통후추 간 것을 넣고 섞는다. 15등분한 후 동그랗게 만든다.

05

그릇에 밀가루, 달걀, 빵가루를 각각 담고 ④를 순서대로 묻힌다.

06

냄비에 식용유를 붓고 180℃ (반죽을 넣었을 때 바닥에 닿자마자 바로 올라오는 상태)로 끓인다. ⑤를 넣고 중간 불에서 40초~1분간 노릇하게 튀긴다. 그릇에 담고 셀러리, 허브 요거트 딥을 곁들인다.

+허브 요거트 딥

볼에 재료를 모두 넣고 섞는다.

다진 파슬리 1큰술
(또는 다진 쪽파, 영양부추)
★ 재료 설명 23쪽

+

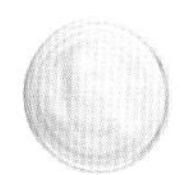

떠먹는 플레인 요거트 5큰술

+

소금 1/4작은술

=

Salad Tip

오븐 대신 팬으로 앤초비 감자볼을 만들려면? 과정 ④에서 동글납작하게 만든 후 달걀물만 입힌다. 달군 팬에 넣고 앞뒤로 뒤집어가며 4~5분간 노릇하게 굽는다.

앤초비가 없을 때 대체하는 방법은? 동량(20g)의 통조림 참치로 대체해도 좋다.

아스파라거스 프로슈토말이 샐러드

+ 화이트와인, 스파클링와인

사각사각 맛있게 데친 아스파라거스를 짭조름한 프로슈토에 말고,
달콤한 멜론을 한 입 크기로 썰어 곁들였어요. 드레싱에도 멜론을 갈아 넣어
달콤하게 즐길 수 있지요. 산뜻한 와인에 잘 어울리는 안주랍니다.

15~20분
2~3인분

- 아스파라거스 6~7개
- 프로슈토 4장(또는 샌드위치용 슬라이스 햄)
  ★ 재료 설명 25쪽
- 파파야멜론 1/2개(140g)

01

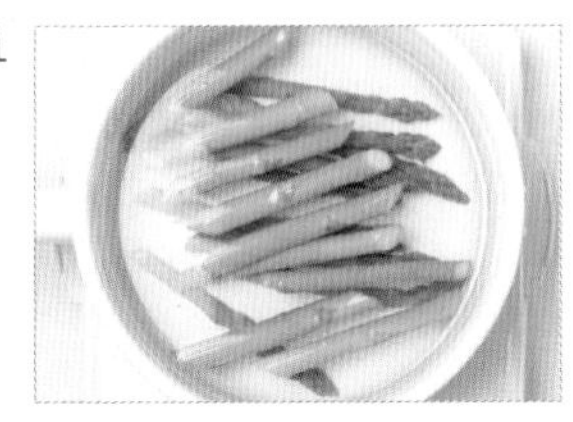

아스파라거스는 2등분한다.
끓는 물(6컵) + 소금(2작은술)에
넣고 30초간 데친다.
찬물에 담가 식힌 후
체에 밭쳐 물기를 뺀다.

02

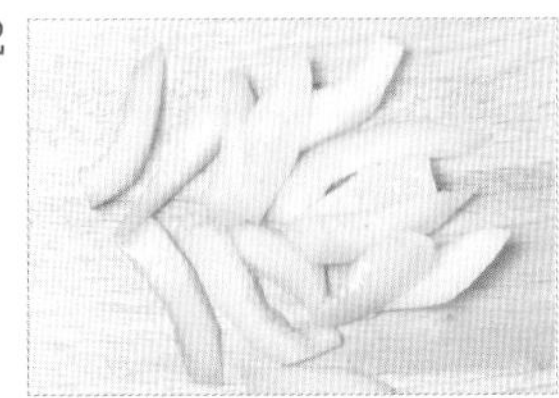

파파야멜론은 껍질, 씨를
없앤 후 길쭉하게 썬다.

03

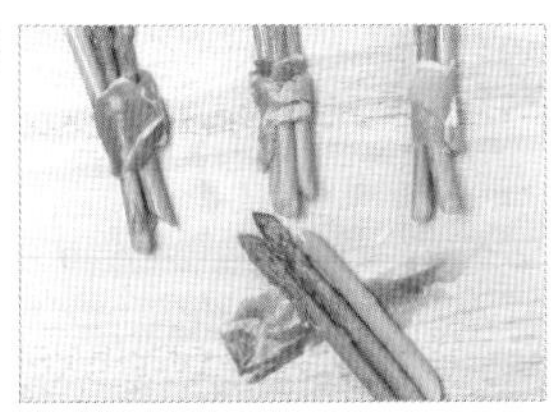

프로슈토에 아스파라거스
3조각씩을 올려 돌돌 만다.

04

아스파라거스, 파파야멜론을 담고
드레싱을 곁들인다.

드레싱
먼저 만들기

+멜론 드레싱

믹서에 포도씨유를 제외한 재료를
넣고 곱게 간 후 포도씨유를 넣어
한번 더 섞는다.

파파야멜론 1/2개
(또는 멜론, 참외, 140g)

+

설탕 2작은술

+

소금 1/2작은술

+

레몬즙 1큰술

+

포도씨유 1큰술
(또는 카놀라유)

||

Salad Tip

파파야멜론 참외와 비슷한 형태와 모양을 가진 작은 멜론. 표면이 마치 개구리 색깔처럼 검정과 짙은 녹색으로 되어 있다. 과육이 부드럽고 단맛이 진해 짭쪼름한 프로슈토나 하몽과 잘 어울린다. 동량(140g)의 멜론, 참외로 대체 가능하다.

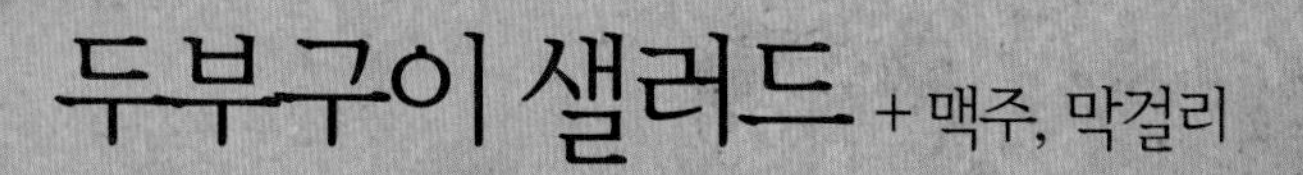

두부구이 샐러드 + 맥주, 막걸리

포장마차 두부김치만큼 안주로 좋은,
하지만 그보다는 더 매력적인 두부구이
샐러드입니다. 두부의 고소함, 채소의 아삭함,
그리고 개운한 깐풍 드레싱이 어우러져
그 어떤 술에도 곁들이기 좋을 거예요.

할루미(Halloumi) 치즈는
지중해 키프로스 섬의 전통 치즈로
염소나 양의 젖으로 만들어요.
열에 강한 편이라 구워 먹기 좋죠.
달콤한 과일과 잘 어울리니 기호에 따라
다양한 과일을 더해서 즐겨보세요.

할루미 구이 샐러드

+ 스파클링와인, 화이트와인

20~25분
2~3인분

- 두부 2/3모(200g)
- 로메인 12장(120g)
- 오이 1/2개(100g)
- 양파 1/5개(40g)
- 다진 땅콩 2큰술
- 식용유 2큰술
- 소금 약간
- 통후추 간 것 약간

[두부구이 샐러드]

01 두부는 사방 2cm 크기로 썬다.
키친타월에 올려 소금, 통후추 간 것을 뿌린다.

02 달군 팬에 식용유를 두른 후 두부를 넣고
중간 불에서 4분간 굴려가며 노릇하게 굽는다.

03 로메인은 한입 크기로 썰고, 양파는 가늘게 채 썬다.
오이는 6cm 길이로 썬 다음 길게 반을 가른 후
0.5cm 두께로 납작하게 썬다.

04 그릇에 모든 재료를 담고 드레싱을 곁들인다.

드레싱 먼저 만들기

+간풍 드레싱

볼에 포도씨유를 제외한 재료를 넣고
섞은 후 포도씨유를 넣고 한번 더 섞는다.

15~20분
2~3인분

- 할루미 치즈 1통(180g)
- 로메인 5~6장(60g)
- 비트잎 5~6장(60g)
- 체리 10개(60g)
- 래디시 1개(생략 가능)
- 잣(또는 다른 견과류) 1큰술

[할루미 구이 샐러드]

01 할루미 치즈는 0.5cm 두께로 썬다.
달군 그릴 팬(또는 팬)에 넣고 중간 불에서 앞뒤로
각각 2분씩 노릇하게 굽는다.

02 로메인, 비트잎은 길게 2~3등분한다.
체리는 2등분한 후 씨를 없앤다.

03 래디시는 얇게 썬 후 찬물에 5분간 담가 둔 다음 물기를 없앤다.

04 그릇에 모든 재료를 담고 드레싱을 곁들인다.

드레싱 먼저 만들기

+발사믹 드레싱

볼에 올리브유를 제외한 재료를 넣고
섞은 후 올리브유를 넣고 한번 더 섞는다.

Salad Tip

할루미 치즈 양이나 염소의 젖으로 만든 치즈.
제품에 따라 염도의 차이가 있는 편. 염도가 높은 제품이라면
0.5cm 두께로 썬 후 10분 정도 물에 담갔다가
키친타월로 감싸 물기를 없앤 후 활용한다.

오징어 사과 샐러드 + 맥주, 화이트와인, 스파클링와인

아삭한 셀러리, 달콤한 사과에 구운 오징어를 곁들였어요.
오징어 칼집내기가 어렵다면 링 모양으로 썬 후 구워도 됩니다.
새콤달콤한 드레싱과 셀러리, 고수가 함께 어우러져 이국적인 맛을 즐길 수 있지요.

⏰ 15~20분
🥕 2~3인분

- 오징어 1마리(손질 후, 180g)
- 사과 1/3개(80g)
- 셀러리 20cm 4대(120g)
- 양파 1/5개(40g)
- 고수 약간
  (또는 셀러리 잎, 생략 가능)
  ★ 재료 설명 23쪽

- 소금 약간
- 통후추 간 것 약간
- 식용유 1큰술

01

사과는 0.3cm 두께로 썰고,
고수는 잎만 따로 둔다.

02

셀러리는 필러로 섬유질을 벗긴 후
어슷 썬다. 양파는 가늘게 채 썬다.

03

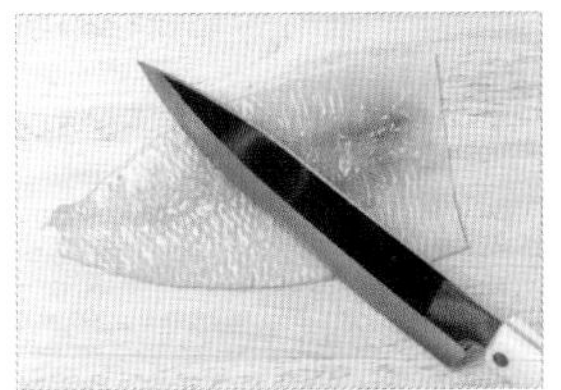

오징어 몸통은 안쪽에 우물 정(井)
모양으로 칼집을 넣고 3×5cm
크기로 썬다. 다리는 2개씩 썬다.
★오징어 손질하기 14쪽

04

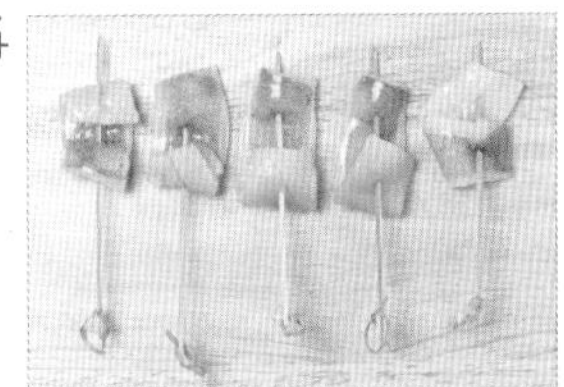

오징어에 소금, 통후추 간 것을
뿌린 후 꼬치에 꽂는다.

05

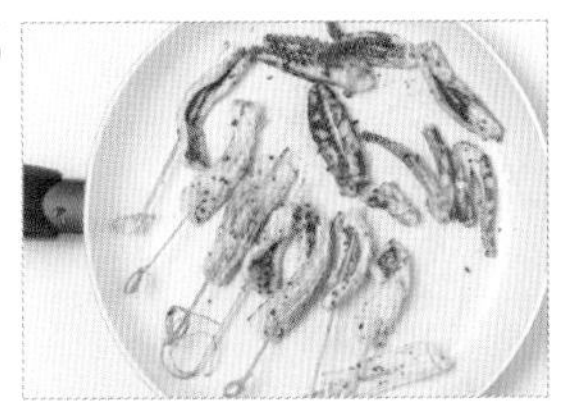

달군 팬에 식용유, 오징어를 넣어
중간 불에서 2분 30초~3분간
뒤집어가며 굽는다.

06

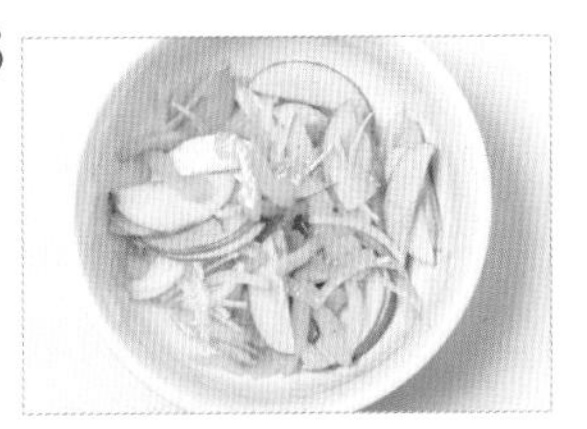

볼에 사과, 셀러리, 양파,
드레싱을 넣고 살살 버무린다.
그릇에 담고 오징어 꼬치를
곁들인 후 고수를 뿌린다.

Salad Tip

셀러리 손질하는 법 셀러리는 섬유질이 지나치게 많아 씹을 때 부담스러울 수 있다.
필러로 겉의 질긴 섬유질을 없앤 후 사용해야 아삭하게 즐길 수 있다.

드레싱 먼저 만들기

+ 스위트 칠리 드레싱

볼에 포도씨유를 제외한 재료를
넣고 섞은 후 포도씨유를 넣어
한번 더 섞는다.

스위트 칠리소스 2큰술

+

피쉬소스 2작은술
★ 재료 설명 25쪽

+

레몬즙 1큰술

+

다진 마늘 1작은술

+

포도씨유 2작은술
(또는 카놀라유)

||

Dressing Tip

스위트 칠리소스는 고추, 마늘,
설탕 등을 넣고 만든 새콤달콤하면서
매콤한 맛의 소스. 주로 동남아풍
요리에 많이 쓰이며 닭고기, 새우
등에 곁들이면 잘 어울린다. 대형마트,
백화점, 온라인에서 구입 가능하다.

광어회 샐러드 + 스파클링와인, 화이트와인, 사케

광어회를 자몽즙에 절여
상큼한 샐러드로 만들었어요.
그 덕분에 광어회의 식감이
더 쫄깃하지요. 시원한
스파클링와인이나 화이트와인,
또는 사케에 딱 어울리는
깔끔한 샐러드랍니다.

25~30분
2~3인분

- 광어회 70g
- 자몽 1/2개(230g)
- 아보카도 약 1/3개 (손질 후, 50g)
- 양파 1/5개(40g)
- 영양부추 약간(생략 가능)
- 자몽즙 2큰술
  ★ 만들기 13쪽
- 소금 약간
- 통후추 간 것 약간

01

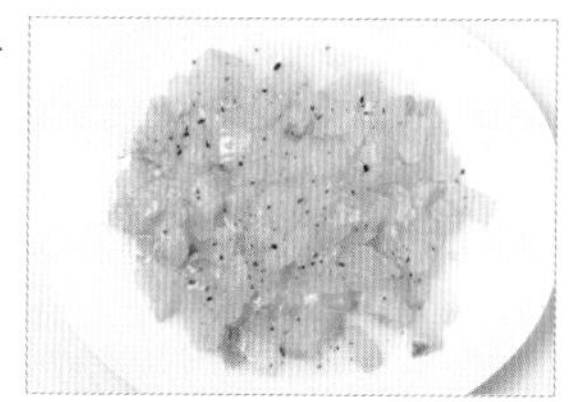

광어회는 사방 0.7cm 크기로 썬다. 자몽즙 1큰술, 소금, 통후추 간 것을 뿌려 냉장실에 10분간 둔다.

02

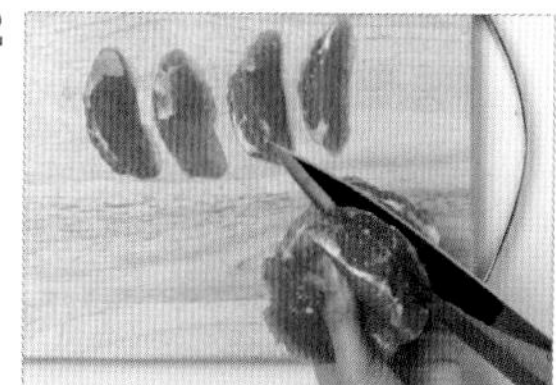

자몽은 과육만 발라낸다.
★ 자몽 과육 발라내기 13쪽

03

아보카도, 자몽은 광어회와 비슷한 크기로 썬다. 아보카도는 색이 변하는 것을 방지하기 위해 자몽즙 1큰술을 뿌려둔다.
★ 아보카도 손질하기 15쪽

04

양파, 영양부추는 잘게 다진다.

05

오목한 볼이나 컵에 광어회 → 아보카도 → 자몽 → 양파 → 영양부추 순으로 담고 드레싱을 붓는다.

Salad Tip

광어회가 없을 때 대체하는 방법은?
동량(70g)의 다른 흰살 생선회, 냉동참치, 데친 생새우살로 대체해도 좋다.

+ 자몽 양파 드레싱

볼에 포도씨유를 제외한 재료를 넣고 섞은 후 포도씨유를 넣고 한번 더 섞는다.

자몽즙 2큰술(1/3개분)
★ 만들기 13쪽

\+

다진 양파 1큰술

\+

설탕 1큰술

\+

레몬즙 2큰술

\+

소금 1작은술

\+

자몽 제스트 1작은술
(노란 껍질만 벗겨 잘게 다진 것)
★ 만들기 13쪽

\+

포도씨유 2작은술
(또는 카놀라유)

||

굴튀김 샐러드 + 맥주, 소주, 고량주

싱싱한 굴은 그냥 먹어도 맛이 좋지만 튀김으로 먹으면
굴의 향긋함과 함께 고소한 맛도 즐길 수 있죠.
튀김의 느끼함을 없애줄 매콤한 깐풍 드레싱을 곁들이니
시원한 술 한 잔이 절로 생각나는 샐러드가 되었습니다.

20~25분
2~3인분

- 봉지 굴 1봉(150g)
- 로메인 7~8장(80g)
- 무순 20g(생략 가능)
- 홍고추 1개
- 밀가루 1/2컵
- 달걀 2개
- 빵가루 1컵
- 식용유 2컵

01

로메인은 찬물에 씻어 1.5cm 두께로 썬 후 체에 밭쳐 물기를 뺀다.

02

무순은 찬물에 씻은 후 체에 밭쳐 물기를 빼고, 홍고추는 송송 썬다.

03

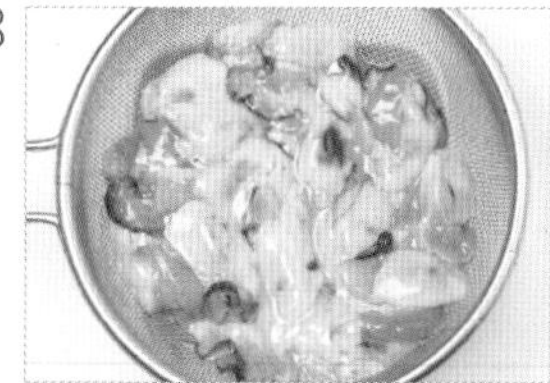

굴은 체에 밭쳐 물(6컵) + 소금(1작은술)에 담가 살살 흔들어 씻은 후 물기를 뺀다.

04

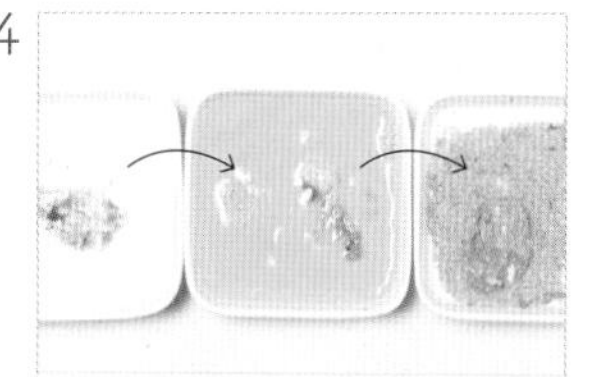

그릇에 밀가루, 달걀, 빵가루를 담고 굴을 차례대로 묻힌다.

05

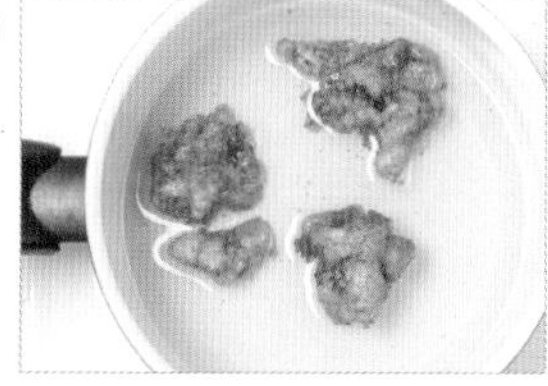

냄비에 식용유를 붓고 170℃ (반죽을 조금 넣었을 때 바닥에 닿았다가 바로 올라오는 정도)로 끓인다. ④를 넣고 중간 불에서 1분간 노릇하게 튀긴 후 키친타월에 올려 기름기를 없앤다.

06

그릇에 모든 재료를 담고 드레싱을 곁들인다.

Salad Tip

굴이 없을 때 대체하는 방법은?

생 굴은 겨울이 제철. 그 외 계절에는 구하기 어려우므로 대형마트나 백화점에서 판매하는 냉동 굴을 사용하거나, 동량 (150g)의 닭고기(다릿살, 안심, 가슴살), 생새우살로 대체해도 좋다.

드레싱 먼저 만들기

+깐풍 드레싱

볼에 포도씨유를 제외한 재료를 넣고 섞은 후 포도씨유를 넣고 한번 더 섞는다.

다진 홍고추 1큰술 + 다진 청양고추 1작은술

설탕 1큰술 + 양조간장 2큰술

식초 1큰술 + 다진 파 2작은술

다진 마늘 1/2작은술 + 포도씨유 2작은술 (또는 카놀라유)

=

주꾸미 샐러드 + 맥주

주꾸미가 제철인 봄에는 알이 꽉 차 있고, 쫄깃하며 씹을수록 고소하지요.
신선초는 쌉싸래하고 특유의 향이 있는 채소인데, 약초로 쓰일 정도로 몸에 좋다고 합니다.
주꾸미와 신선초를 가득 넣어 몸보신도 되고 맛도 좋은 샐러드를 만들어보세요.

20~25분
2~3인분

- 주꾸미 6마리
- 신선초(또는 깻잎) 30g
- 양상추 5장(70g)
- 적양파 1/5개(또는 양파, 40g)
- 식용유 2큰술
- 소금 약간
- 통후추 간 것 약간

01

신선초는 길이로 2등분하고,
양상추는 찬물에 헹궈 한입 크기로
뜯고 체에 밭쳐 물기를 뺀다.

02
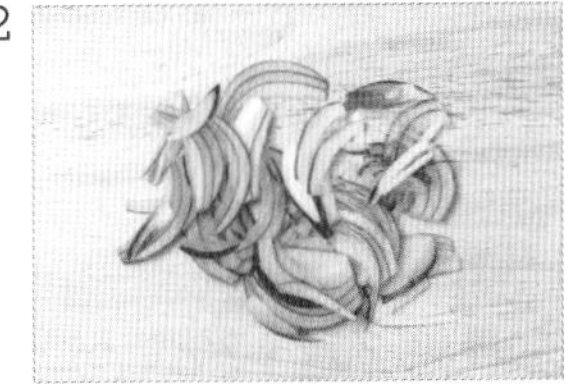
적양파는 가늘게 채 썬다.

03
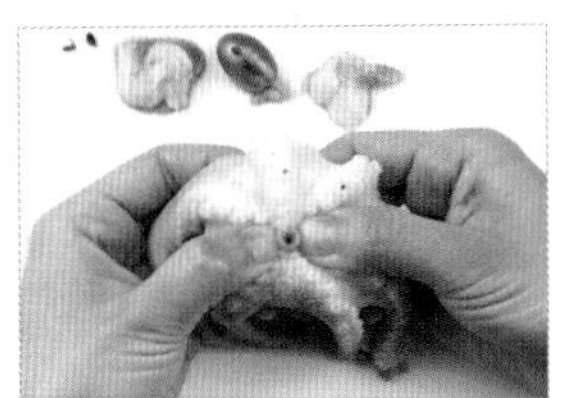
주꾸미는 머리를 반으로 갈라
내장, 먹물을 없앤다.
다리를 뒤집어 입 주변을 눌러
뼈를 없앤다.

04

볼에 주꾸미, 밀가루(2큰술)를 넣어
바락바락 주물러 씻는다. 찬물에
헹궈 체에 밭쳐 물기를 뺀다.

05
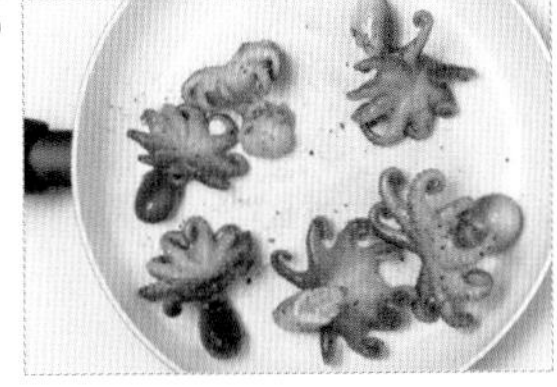
달군 팬에 식용유, 주꾸미,
소금, 통후추 간 것을 넣고
중간 불에서 3분간 볶는다.

06

그릇에 채소, 주꾸미를 담고
드레싱을 뿌린다.

+ 홍고추 드레싱

볼에 포도씨유를 제외한 재료를 넣고
섞은 후 포도씨유를 넣어 한번 더 섞는다.

다진 홍고추 1개

설탕 2큰술

+

소금 1과 1/2작은술

+

감식초 4큰술
(또는 식초 3큰술 + 설탕 2작은술)

+

다진 양파 1큰술

+

다진 마늘 1작은술

+

포도씨유 2큰술
(또는 카놀라유)

||

Salad Tip

싱싱한 주꾸미 고르는 법 & 대체하는 방법은? 주꾸미의 제철은 봄. 색깔이 투명하고 광이 나며, 빨판이 뚜렷한 것이 신선하다. 오징어, 생새우살로 대체해도 좋다.

시사모구이 샐러드 + 사케, 맥주

'열빙어'라고도 불리는 시사모는 뼈째 먹을 수 있는 생선이에요. 알이 통통하게 밴 시사모는 특히 술안주로 인기가 좋은데요, 고추냉이가 들어간 알싸한 드레싱이 아주 잘 어울린답니다. 대형마트나 백화점의 냉동생선 코너에서 쉽게 구할 수 있어요.

15~20분
2~3인분

- 시사모 10마리
- 오이 1개(200g)
- 양파 1/5개(40g)
- 래디시 1개(생략 가능)
- 소금 약간
- 통후추 간 것 약간
- 식용유 2큰술

01

오이는 모양대로 얇게 썬다.

02

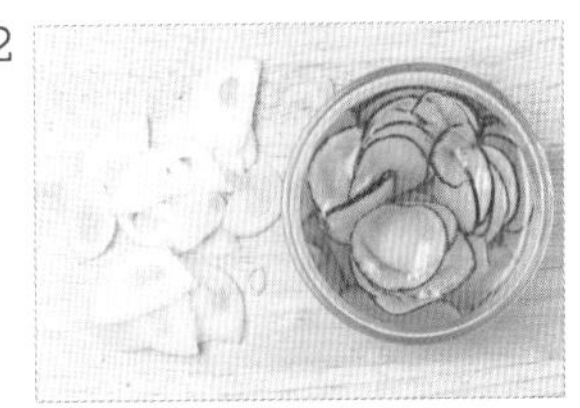

양파, 래디시는 모양대로 얇게 썬다. 래디시는 찬물에 담가 5분간 둔 후 물기를 없앤다.

03

시사모는 소금, 통후추 간 것을 뿌려 둔다. ★ 냉동 시사모는 냉장실에서 완전히 해동한 후 사용한다.

04

달군 팬에 식용유, 시사모를 넣고 중간 불에서 4분간 뒤집어가며 노릇하게 굽는다.

05

그릇에 채소, 구운 시사모를 담고 드레싱을 곁들인다.

Salad Tip

시사모 열빙어라고도 하는 바닷고기. 맛이 담백하고 비린 맛이 적다. 온라인에서 냉동 상태로 구입 가능.
냉동 시사모, 부서지지 않고 예쁘게 만드는 포인트 시사모는 굽는 도중 부서지기 쉬우므로 밀가루를 입혀서 굽는 것이 좋다. 모양도 흐트러지지 않고 맛도 더욱 고소해진다.

드레싱 먼저 만들기

+ 고추냉이 오렌지주스 드레싱

볼에 포도씨유를 제외한 재료를 넣고 골고루 섞은 후 포도씨유를 넣어 한번 더 섞는다.

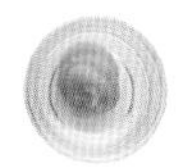

고추냉이(와사비) 2작은술

+

오렌지주스 4작은술

+

설탕 2작은술

+

소금 1작은술

+

식초 1큰술

+

다진 양파 1큰술

+

포도씨유 1큰술
(또는 카놀라유)

||

낙지 아보카도 세비체 + 스파클링와인, 화이트와인, 맥주

세비체(Ceviche)는 라틴 아메리카 지역 전통 음식으로,
해산물을 익히지 않고 레몬즙이나 라임즙에 절여 먹는 것이 특징이지요.
새우, 산낙지, 냉동 낙지를 데쳐서 사용해도 맛있답니다.
아보카도를 통으로 넣어 보기에도 좋고,
맛은 더 훌륭한 낙지세비체를 만들었습니다. 술과 함께 즐겨보세요.

⏰ 15~20분
🥕 2~3인분

- 냉동 절단 낙지 500g
- 아보카도 1개
- 적양파 약 1/3개(또는 양파, 70g)
- 고수(또는 샐러리잎) 1/2줌

★ 재료 설명 23쪽

01

적양파는 가늘게 채 썰고,
고수는 5cm 길이로 썬다.

02

냉동 절단 낙지는 끓는 물(5컵)에
넣고 중간 불에서 1분 30초~2분간
데친다. 체에 밭쳐 씻은 후
물기를 뺀다.

03

낙지, 적양파, 고수, 드레싱을
버무린다.

04

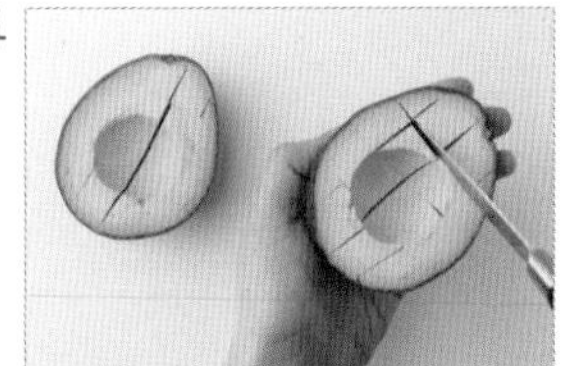

아보카도는 2등분한 후
벌집 모양으로 칼집을 낸다.
★ 아보카도 손질하기 15쪽

05

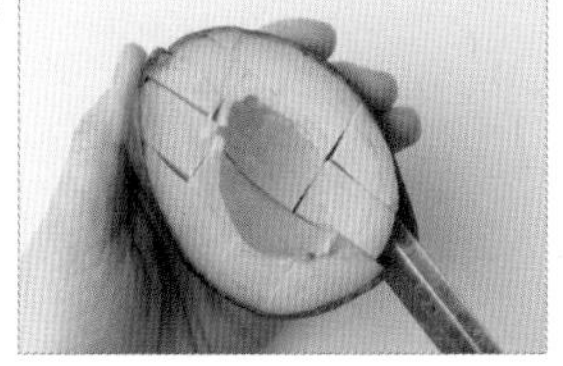

숟가락으로 과육만 떠서
분리한 후 다시 껍질에 담는다.

06

그릇에 아보카도를 올린 후
③을 담는다.

드레싱 먼저 만들기

+ 레몬 고추냉이 드레싱

볼에 재료를 모두 넣고 섞는다.

레몬 제스트 1큰술
(노란 껍질만 벗겨 잘게 다진 것)
★ 만들기 13쪽

+

레몬즙 6큰술

+

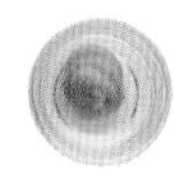

고추냉이(와사비) 1작은술

+

설탕 2큰술

+

소금 1작은술

+

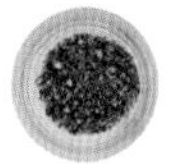

통후추 간 것 약간

||

Salad Tip

낙지 손질하는 법 손질 낙지를 구입하면 가장 편리하다. 손질되지 않았다면
머리를 반으로 갈라 뒤집어 내장, 먹물을 없앤다. 다리를 뒤집어 입 주변을 눌러 뼈를 없앤다.
볼에 밀가루(2큰술)와 함께 넣어 바락바락 주물러 씻는다. 찬물에 헹궈 체에 밭쳐 물기를 뺀다.

구운 과메기 샐러드 + 소주, 막걸리

과메기를 구우면 특유의 비린 맛이 없어지고 겉은 바삭, 속은 쫄깃해지죠.
여기에 향이 좋은 깻잎순과 양파를 듬뿍 곁들여 냄새를 한 번 더 잡고
맛도 더욱 좋아졌답니다. 과메기 향에 민감한 분들도 맛있게 즐길 수 있을 겁니다.

15~20분
2~3인분

- 과메기 6조각(100g)
- 깻잎순 2줌
  (또는 깻잎 30장, 60g)
- 양파 1/4개(50g)
- 식용유 1큰술
- 통후추 간 것 약간

01

달군 팬에 식용유, 과메기, 통후추 간 것을 넣고 중간 불에서 앞뒤로 각각 1분씩 굽는다.

02

깻잎순은 찬물에 씻은 후 체에 밭쳐 물기를 뺀다. 양파는 가늘게 채 썬다.

03

볼에 깻잎순, 양파, 드레싱을 담고 살살 버무린다.

04

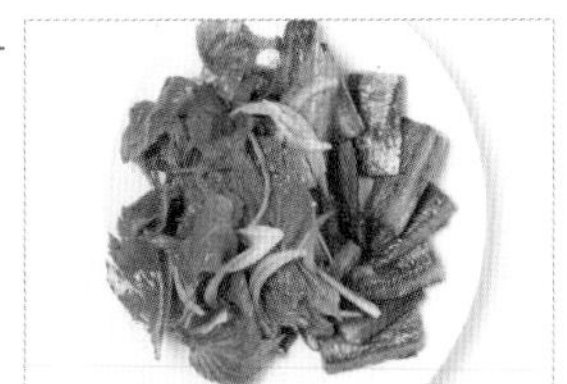

그릇에 채소, 과메기를 담는다.

+청양고추 드레싱

볼에 참기름을 제외한 재료를 넣고 섞은 후 참기름을 넣어 한번 더 섞는다.

다진 청양고추 1작은술

+

설탕 1큰술

+

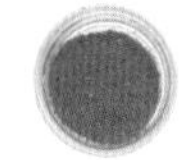

고춧가루 1큰술

+

소금 1작은술

+

식초 2큰술

+

다진 파 1큰술

+

참기름 1큰술

=

Salad Tip

과메기 청어나 꽁치를 자연바람에 말려 반건조 시킨 식품. 얼었다가 녹는 과정이 반복되어 쫄깃한 식감, 고소한 식감이 별미. 초고추장에 찍어 주로 다시마, 쪽파, 김에 싸 먹는다. 12월~2월까지가 제철이다.

Chapter 5

쉽고, 폼 나고, 스타일리쉬한
손님 초대상 샐러드

집들이, 생일파티 등 손님을 초대해 식탁을 차릴 때 빠지지 않는
메뉴 중 하나가 바로 샐러드입니다. 미리 재료와 드레싱을 만들어
냉장고에 준비해두었다가 손님이 도착하면 재빨리 식탁에
낼 수 있고, 밥, 해산물, 고기 요리에 곁들이면 맛과 영양 균형도
잘 어우러지죠. 또한 싱싱한 채소를 멋지게 담은 샐러드라면,
밋밋할 수 있는 식탁에 센터피스 같은 역할도 해줄 수 있답니다.
손님 초대상 샐러드를 만들 때는 무엇보다 비주얼에 신경 써주세요.
재료의 색깔을 다양하게 해서 보다 풍성하게 담아내거나,
소스 등을 활용해 스타일리시하게 연출하는 겁니다. 같은 재료라도
써는 방법을 달리한다거나 곁들이는 부재료를 약간 더 신경 쓴다면
한결 고급스러워 보이지요. 사이드 메뉴나 혼자 먹을 샐러드에
구운 고기나 생선을 곁들이는 건 성가실 수 있지만, 여러 사람들이
함께 즐기는 샐러드라면 그 정도 노력이 아깝지 않겠지요?
작은 노력으로 더욱 풍성하고 화려한 샐러드를 만들어
모두에게 칭찬받는 보람을 느껴보세요.

구운 사과 모짜렐라 샐러드

마치 우유처럼 고소하고 쫄깃한 식감이 좋은
생 모짜렐라 치즈는 달콤한 과일과도 무척
잘 어울리는데요. 시나몬 향을 품은 사과를 구워
단맛이 배가되도록 한 다음 채소,
생 모짜렐라 치즈와 함께 담았습니다.

수박 토마토피클 페타 샐러드

수박의 계절이 오면 꼭 챙겨 먹는, 제게는 마치
제철 음식 같은 여름 샐러드를 소개합니다. 달콤한 수박과
새콤하게 절인 방울토마토 피클을 함께 곁들였고요.
짭조름한 페타 치즈와 향긋한 민트 덕분에 이색적인 맛까지
난답니다. 시원하게 즐길수록 더 맛있어요.

⏰15~20분
🥕 2~3인분

- 사과 1개(200g)
- 와일드 루꼴라 1과 1/2줌(75g)
  ★ 재료 설명 23쪽
- 생 모짜렐라 치즈 1개(120g)
  ★ 재료 설명 24쪽
- 피칸 6~7개(15g)
- 포도씨유 1큰술
- 시나몬파우더 1/2작은술

[구운 사과 모짜렐라 샐러드]

01 루꼴라는 찬물에 씻어 체에 밭쳐 물기를 뺀다.

02 사과는 껍질째 1cm 두께로 동그랗게 썬 후 포도씨유, 시나몬파우더와 버무린다.

03 달군 그릴 팬(또는 팬)에 사과를 넣고 앞뒤로 각각 2분씩 노릇하게 굽는다.

04 피칸은 2등분하고, 생 모짜렐라 치즈는 큼직하게 떼어둔다.

05 그릇에 모든 재료를 담고 드레싱을 곁들인다.

드레싱 먼저 만들기

+ 허브 레몬 드레싱

볼에 올리브유를 제외한 재료를 넣고 섞은 후 올리브유를 넣고 한번 더 섞는다.

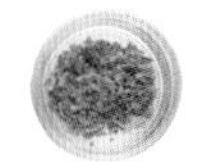
말린 오레가노 1/2작은술 (또는 말린 파슬리)
\+ 레몬즙 2큰술
\+ 
설탕 2작은술

소금 1/2작은술
\+ 
다진 양파 1큰술
\+ 
올리브유 2큰술

= 

⏰30~35분
🥕 2~3인분

- 수박 과육 200g
- 방울토마토 20개(300g)
- 샬롯 1개(또는 양파 1/5개, 40g)
  ★ 재료 설명 23쪽
- 페타 치즈 40g
  ★ 재료 설명 24쪽
- 민트 5~6줄기
- 올리브유 1큰술

[수박 토마토피클 페타 샐러드]

01 방울토마토는 껍질을 벗긴다. 피클링 드레싱과 섞은 후 냉장실에 20분간 둔다. ★ 방울토마토 껍질 벗기기 15쪽

02 수박은 큼직하게 썰고, 샬롯을 링 모양으로 가늘게 썬다. 페타 치즈는 물기를 뺀다.

03 그릇에 수박, ①의 방울토마토, 샬롯, 페타 치즈, 민트를 담고 올리브유를 뿌린다.
★ 보관 도중 ①의 볼에 생긴 물도 모두 그릇에 담는다.

드레싱 먼저 만들기

+ 피클링 드레싱

볼에 올리브유를 제외한 재료를 넣고 섞은 후 올리브유를 넣고 한번 더 섞는다.

설탕 1큰술
\+ 
소금 1작은술
\+ 
레몬즙 2큰술

식초 1큰술
\+ 
올리브유 1큰술
= 

콥 샐러드

1930년대 할리우드에 있던 로버트 하워드 콥이라는 사람의 레스토랑에서 냉장고 속의 자투리 재료를 이용해 푸짐하게 만든 것이 유명해져서 '콥 샐러드(Cobb salad)'란 이름이 붙었답니다. 이후 영화 '줄리 앤 줄리아'에도 등장해 더욱 인기가 높아졌지요. 집에 있는 다양한 재료들로 나만의 콥 샐러드를 만들어보세요.

20~25분
2~3인분

- 로메인 4장(40g)
- 토마토 1개(150g)
- 달걀 1개
- 닭가슴살 1쪽(100g)
- 베이컨 약 4줄(50g)

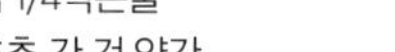

- 아보카도 1개(손질 후, 160g)
- 블랙올리브 8개(생략 가능)
- 소금 1/4작은술
- 통후추 간 것 약간
- 식용유 1큰술

01

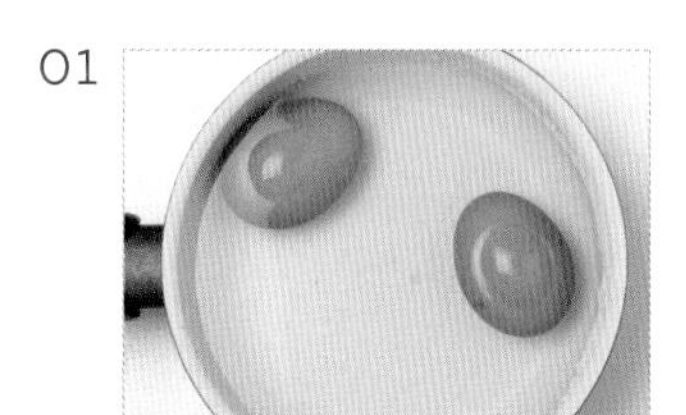

냄비에 달걀, 잠길 만큼의 물을 넣은 후 센 불에서 끓기 시작하면 불을 끄고 뚜껑을 덮어 12분간 둔다.

02

로메인은 찬물에 헹군 후 한입 크기로 썰어 체에 밭쳐 물기를 뺀다. 토마토는 사방 1.5cm 크기로 썬다.

03

베이컨은 볶아 베이컨 칩을 만든다. ★ 베이컨 칩 만들기 15쪽

04

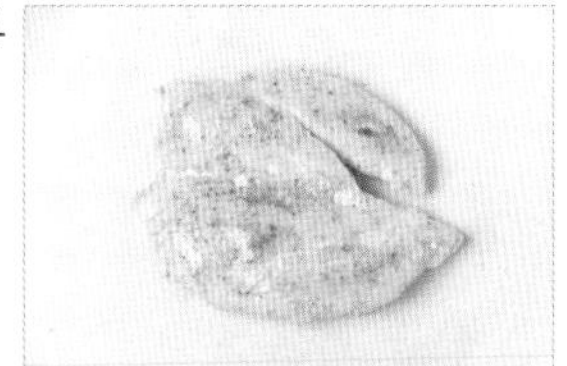

닭가슴살은 소금, 통후추 간 것으로 밑간한다. 달군 팬에 식용유, 닭가슴살을 넣고 중약 불에서 앞뒤로 각각 3분씩, 약한 불로 줄여 뚜껑을 덮어 앞뒤로 각각 2분씩 굽는다.

05

한 김 식힌 후 사방 1.5cm 크기로 썬다.

06

삶은 달걀, 아보카도는 사방 1.5cm 크기로 썰고, 블랙올리브는 3~4등분한다. 그릇에 모든 재료, 드레싱을 담는다.
★ 아보카도 손질하기 15쪽

드레싱 먼저 만들기

+ 프렌치 드레싱

볼에 올리브유를 제외한 재료를 넣고 섞은 후 올리브유를 넣고 한번 더 섞는다.

설탕 1큰술

+

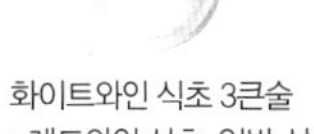

화이트와인 식초 3큰술
(또는 레드와인 식초, 일반 식초)
★ 재료 설명 25쪽

+

디종 머스터드 2작은술
(또는 머스터드)
★ 재료 설명 24쪽

+

올리브유 3큰술

||

클라우디 리코타 샐러드

구름처럼 포슬포슬한 리코타 크림을 곁들인 샐러드예요. 부드럽고 달콤한 리코타 크림은 스윗(sweet) 버전의 과일 샐러드와도, 세이버리(savory) 버전의 토마토 샐러드와도 잘 어울린답니다. 함께 곁들이는 다른 메뉴와의 어울림에 따라 두 가지 버전 모두 꼭 만들어 보세요. 과일은 무화과, 포도, 체리, 블루베리 등 다양하게 대체 가능해요. 바게트나 사워도우 브레드를 바삭하게 구워 함께 즐기면 더욱 맛있답니다.

클라우디 리코타 과일 샐러드

클라우디 리코타 토마토 샐러드

20~25분
2~3인분

- 청포도 15알(150g)
- 금귤 8개(120g)
- 산딸기 20~25개(50g)
- 민트 5~6줄기

리코타 크림

- 차가운 생크림 1/2컵(100㎖)
- 설탕 1큰술
- 실온에 꺼내둔 리코타 치즈 90g

[클라우디 리코타 과일 샐러드]

01 청포도, 금귤은 2등분한 후 유자 생강청 드레싱과 버무린다.

02 볼에 차가운 생크림, 설탕을 넣고 거품기(또는 휘핑기)로 단단해질 때까지 한쪽 방향으로 휘핑을 친다.

03 실온에 꺼내둔 부드러운 리코타 치즈를 ②에 넣고 살살 섞는다.

04 그릇에 리코타 크림을 펼쳐 담고 모든 재료를 올린다.

드레싱 먼저 만들기

+ 유자 생강청 드레싱

볼에 재료를 모두 넣고 섞는다.

유자청 2큰술

+

생강청 2작은술 (또는 가루 생강차)

+

레몬즙 1큰술

소금 약간

=

20~25분
2~3인분

- 모둠 토마토(400g)
- 적양파 약 1/7개(또는 양파, 30g)
- 바질 2~3줄기

리코타 크림

- 차가운 생크림 1/2컵(100㎖)
- 설탕 1큰술
- 실온에 꺼내둔 리코타 치즈 90g

[클라우디 리코타 토마토 샐러드]

01 토마토는 한입 크기로 썰고, 적양파는 가늘게 채 썬다. 유자 생강청 드레싱과 버무린다.

02 볼에 차가운 생크림, 설탕을 넣고 거품기(또는 휘핑기)로 단단해질 때까지 한쪽 방향으로 휘핑을 친다.

03 실온에 꺼내둔 부드러운 리코타 치즈를 ②에 넣고 살살 섞는다.

04 그릇에 리코타 크림을 펼쳐 담고 모든 재료를 올린다.

드레싱 먼저 만들기

+ 유자 생강청 드레싱

볼에 재료를 모두 넣고 섞는다.

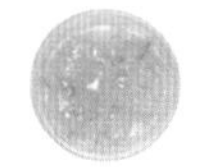
유자청 2큰술

+

생강청 2작은술 (또는 가루 생강차)

+

레몬즙 1큰술

소금 약간

=

카프레제 샐러드

흔히 알려져 있는 카프레제 샐러드는 토마토와 생 모짜렐라를 번갈아가며 돌려 담고
발사믹 식초를 곁들인 것이지요. 제가 소개할 카프레제는 조금 색다르지만 쉬운 스타일이에요.
컬러 방울토마토와 작게 썬 치즈를 페스토 드레싱에 버무리는 방법이랍니다.
바게트를 바삭하게 구워 샐러드를 듬뿍 얹어 먹어도 좋답니다.

10~15분
2~3인분

- 컬러 방울토마토 20개 (또는 방울토마토, 300g)
- 생 모짜렐라 치즈 1개(120g)
  ★ 재료 설명 24쪽
- 잣(또는 다진 호두) 1큰술
- 바질 약간(생략 가능)
  ★ 재료 설명 23쪽
- 소금 약간
- 통후추 간 것 약간

01

컬러 방울토마토는 2등분한다.

02

생 모짜렐라 치즈는
사방 1.5cm 크기로 썬다.

03

키친타월에 생 모짜렐라 치즈를
올린다. 소금, 통후추 간 것을
뿌려 밑간한다.

04

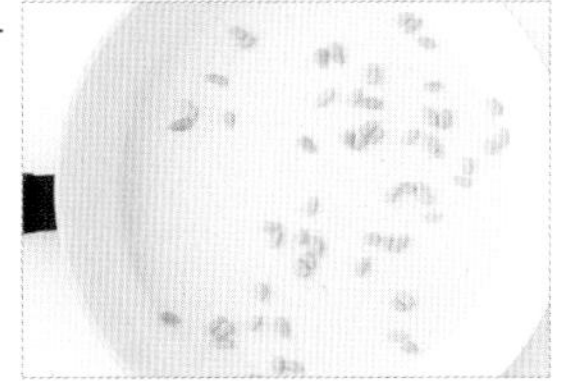

달군 팬에 잣을 넣고 중간 불에서
3분간 노릇하게 볶는다.

05

그릇에 모든 재료를 담고
드레싱을 곁들인다.

+페스토 드레싱

작은 믹서에 모든 재료를 넣고
곱게 간다.

바질 10장
★ 재료 설명 23쪽

+

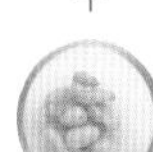

잣 2큰술(20g)

+

파르미지아노 치즈 10g
(또는 파마산 치즈가루)
★ 재료 설명 24쪽

+

소금 1/3작은술

+

다진 마늘 1작은술

+

올리브유 2큰술

||

Salad Tip

생 모짜렐라 치즈와 슈레드 피자치즈의 차이 흔히 '모짜렐라(Mozzarella)'라고 하면 피자 치즈를 떠올리는 경우가 많은데, '생 모짜렐라'는 버팔로 젖으로 만든, 숙성과정을 거치지 않은 생 치즈이다. 엷은 소금물에 담겨 판매되고 유통기한이 짧은 편. 말랑말랑하고 부드러워 생으로 먹기 좋다. 반면 슈레드 피자치즈는 피자에 올려 구우면 녹아서 쫀득한 맛을 내는 가공치즈로, 익혀서 먹는 것이 좋고 냉동 보관이 가능하며 유통기한이 긴 편이다.

Dressing Tip

바질, 파르미지아노 치즈를 구하기 어렵다면 마늘 발사믹 드레싱(203쪽)을 곁들여도 좋다.

리스 샐러드

초록과 빨강의 조화가 예쁜, 겨울이 연상되는 샐러드예요. 크리스마스에 만날 수 있는 리스 모양으로 둥글게 담아보았고요, 파르미지아노 치즈를 소복하게 뿌려 마치 흰 눈이 내린 듯이 해보았습니다. 보기만 해도 설레는 샐러드이지요. 크리스마스에 꼭 만들어보세요.

15~20분
2~3인분

- 루꼴라 2와 1/2줌(125g)
  ★ 재료 설명 23쪽
- 딸기 6개(120g)
- 샬롯 1개(또는 양파 1/5개, 40g)
  ★ 재료 설명 23쪽
- 피스타치오 8~10개
  (또는 다른 견과류, 20g)
- 말린 블루베리 2큰술
- 파르미지아노 치즈 20g
  (또는 파마산 치즈가루)
  ★ 재료 설명 24쪽
- 올리브유 약간

01

샬롯은 링 모양으로 가늘게 썬 후 찬물에 5분간 담가 매운맛을 뺀다. 키친타월로 감싸 물기를 없앤다.

02

루꼴라는 찬물에 씻어 체에 밭쳐 물기를 없앤 후 한입 크기로 썬다.

03

딸기는 길이로 4등분한다.

04

피스타치오는 굵게 다진다.

05

그릇의 가운데에 드레싱을 넣고 재료를 리스 모양으로 담는다. 파르미지아노 치즈를 필러로 얇게 슬라이스한 다음 올리브유를 뿌린다.

+ 유자 양파 드레싱

볼에 재료를 모두 넣고 섞는다.

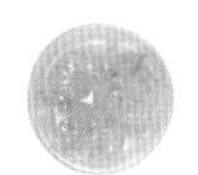

유자청 2큰술

+

다진 양파 1큰술

+

식초 2큰술

+

마요네즈 5큰술

+

소금 1/2작은술

||

Salad Tip

이 샐러드에 어울리는 다른 재료들 딸기 대신 동량(120g)의 산딸기, 자몽, 오렌지 등으로 대체해도 좋다.

구운 파프리카 샐러드

생으로 먹는 파프리카는 아삭하고 시원한 맛이 좋지요. 그와 달리 파프리카를 태워서 껍질을 벗기면 단맛과 향이 좋아져 한층 색다른 맛을 즐길 수 있답니다. 빵이나 크래커와 함께 먹으면 애피타이저는 물론 와인이나 맥주 안주로도 좋습니다.

30~35분
2~3인분

- 빨간 파프리카 1개(200g)
- 노란 파프리카 1개(200g)
- 어린잎 채소 1줌(20g)
- 에멘탈 치즈 30g
  (또는 브리나 까망베르 치즈)
- 호밀식빵 2장

01

달군 그릴 팬(또는 팬)에
한입 크기로 썬 호밀식빵을 올리고
센 불에서 30초~1분간
뒤집어가며 굽는다.

02

어린잎 채소는 찬물에 씻어
체에 밭쳐 물기를 뺀다.
에멘탈 치즈는 0.3cm 두께로 썬다.

03

파프리카는 집게로 잡고
가스레인지에서 직화로 7~8분간
돌려가며 껍질이 시커멓게
될 때까지 굽는다.

04

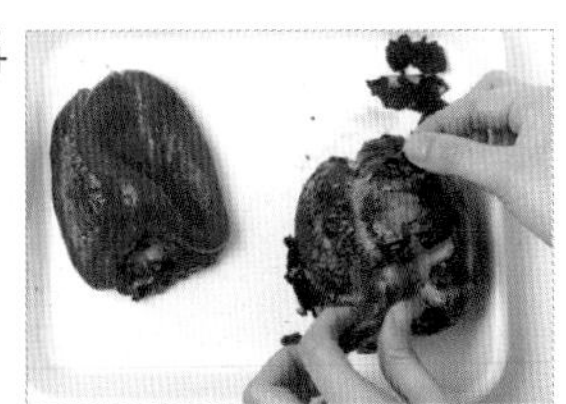

구운 파프리카를 볼에 담고
랩을 씌워 한 김 식힌 다음
껍질을 벗긴다. 흐르는 물에 씻고
물기를 없앤다.

05

가운데 씨를 없앤 다음
0.5cm 두께로 길게 썬다.
그릇에 식빵을 깔고 재료를 올린 후
씨겨자 발사믹 글레이즈 뿌린다.

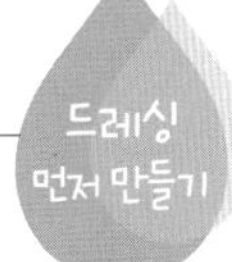

+씨겨자 발사믹 글레이즈

❶ 작은 냄비에 재료를 모두 넣고 섞는다.
❷ 드레싱의 양이 반으로 줄어들 때까지
약한 불에서 10분간 졸인다.

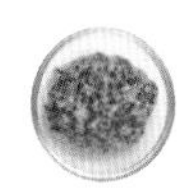

씨겨자 1큰술
(또는 머스터드)
★ 재료 설명 24쪽

+

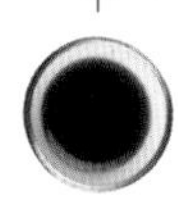

발사믹 식초 1/3컵

+

설탕 3큰술

+

소금 1/2작은술

Salad Tip

파프리카의 껍질을 불에 태우는 이유는? 파프리카를 불에 태워 껍질을 벗기면 질긴 껍질이 제거되는 효과도 있지만 익으면서 단맛이 진해지고, 훈연향도 배어들어 맛이 더욱 좋아진다.

버섯구이 샐러드

버섯을 구우면 식감과 향이 더욱 좋아지죠. 여러 가지 버섯과 콜리플라워를 구워서
함께 즐기는 샐러드를 만들었어요. 어떤 버섯이나 잘 어울리니 냉장고에 남은 버섯을 이용해보세요.
구울 때 그릴 팬을 이용하면 그릴 자국이 생겨 더욱 먹음직스러워 보인답니다.

20~25분
2~3인분

- 표고버섯 3개(75g)
- 느타리버섯 3줌(150g)
- 양송이버섯 4개(80g)
- 콜리플라워 약 1/4개
  (또는 브로콜리, 70g)
- 올리브유 3큰술
- 소금 약간
- 통후추 간 것 약간

01

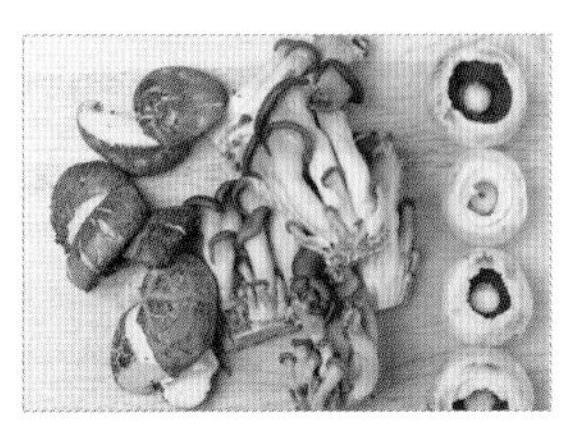

표고버섯은 2등분하고,
느타리버섯은 한입 크기로 뜯는다.
양송이버섯은 밑동을 제거한다.

02

콜리플라워는 한입 크기로 썬다.
볼에 버섯, 콜리플라워, 올리브유를
넣고 버무린다.

03

달군 그릴 팬(또는 팬)에
콜리플라워, 소금, 통후추 간 것을
넣는다. 중간 불에서 앞뒤로
각각 1분씩 노릇하게 구운 후
덜어둔다.

04

③의 팬에 버섯, 소금, 통후추
간 것을 넣고 중간 불에서 앞뒤로
각각 1분씩 노릇하게 굽는다.

05

그릇에 콜리플라워 , 버섯을 담고
드레싱을 곁들인다.

드레싱 먼저 만들기

+마늘 발사믹 드레싱

볼에 올리브유를 제외한 재료를 넣고
섞은 후 올리브유를 넣고
한번 더 섞는다.

다진 마늘 1큰술

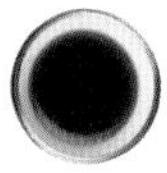

발사믹 식초 2큰술

설탕 2작은술

소금 1작은술

+

올리브유 1큰술

=

Salad Tip

다양한 버섯 사용하기 표고버섯, 느타리버섯, 양송이버섯 외에도 다양한 버섯을 사용해도 좋다.

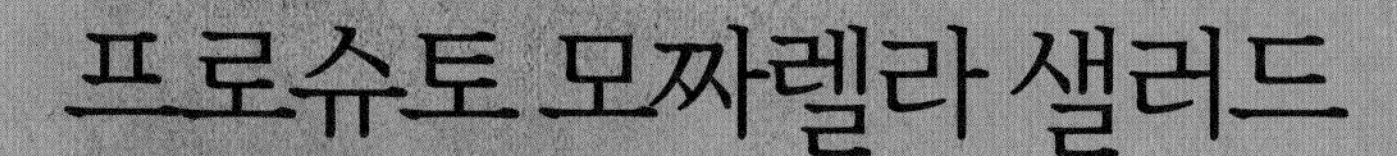

프로슈토 모짜렐라 샐러드

와인을 곁들인 초대 식탁이라면 이 샐러드는 어떠세요?
큼직하게 올린 모짜렐라 치즈와 풍성하게 곁들인
프로슈토, 신선한 루꼴라, 거기에 쫀득한 무화과의 식감이
매력적인 레드와인 드레싱까지! 구운 빵을 곁들이면
더욱 맛있게 즐길 수 있을 거예요.

가지 치즈구이 샐러드

가지에 토마토 소스와 치즈를 올려 구우면
채소 요리라는 게 무색할 정도로 맛이 정말 좋답니다.
신선한 루꼴라와 파르미지아노 치즈를 곁들이면
화려함도 더해지죠. 간단하고도 멋스러운 샐러드로
손님 초대상을 더욱 멋지게 완성하세요.

15~20분
2~3인분

- 프로슈토 1팩(60g)
  ★ 재료 설명 25쪽
- 생 모짜렐라 치즈 1개(120g)
  ★ 재료 설명 24쪽
- 와일드 루꼴라 1줌(50g)
  ★ 재료 설명 23쪽
- 잣 1큰술
- 소금 약간

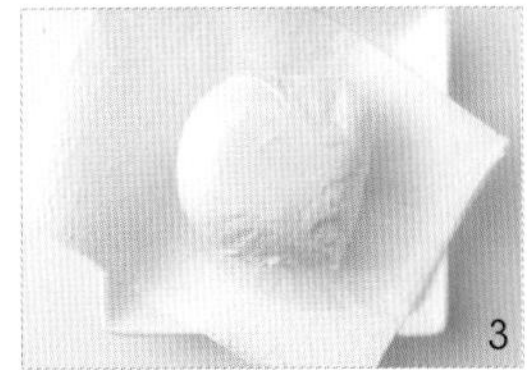

[프로슈토 모짜렐라 샐러드]

01 루꼴라는 찬물에 씻어 체에 밭쳐 물기를 뺀다.

02 프로슈토는 적당한 크기로 찢는다.

03 키친타월에 생 모짜렐라 치즈를 올린 후 소금을 뿌려 수분을 없앤 다음 큼직하게 찢는다.

04 그릇에 준비한 재료를 담고 드레싱을 곁들인다.

드레싱 먼저 만들기

+레드와인 무화과 드레싱

❶ 말린 무화과는 2등분한다.
❷ 냄비에 말린 무화과, 레드와인, 설탕을 넣고 중간 불에서 저어가며 드레싱의 양이 반으로 줄어들 때까지 15분간 졸인다.
❸ 불을 끄고 나머지 재료를 섞는다.

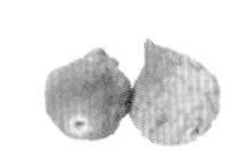
말린 무화과 10개

\+

레드와인 1컵

\+

설탕 4작은술

소금 1/2작은술

\+

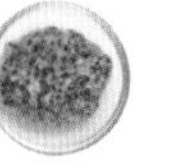
씨겨자 1작은술
(또는 머스터드)
★ 재료 설명 24쪽

\+

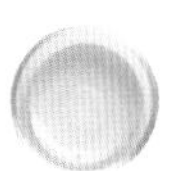
레몬즙 2큰술

올리브유 1큰술

=

30~35분
2~3인분

- 가지 2개(300g)
- 시판 토마토 스파게티 소스 1/2컵(100㎖)
- 슈레드 피자치즈 1컵(100g)
- 와일드 루꼴라 1/2줌(25g)
  ★ 재료 설명 23쪽
- 파르미지아노 치즈 20g
  (또는 파마산 치즈가루)
  ★ 재료 설명 24쪽
- 소금 약간
- 통후추 간 것 약간
- 올리브유 약간

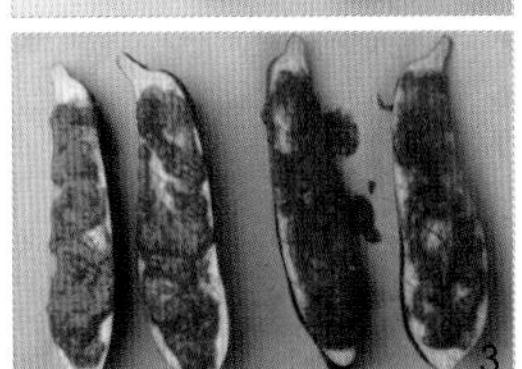

[가지 치즈구이 샐러드]

01 루꼴라는 찬물에 씻어 체에 밭쳐 물기를 뺀다.
오븐은 200℃로 예열한다.

02 가지는 길이로 2등분한다. 썬 단면에 0.5cm 깊이로 벌집 모양의 칼집을 낸 후 소금, 통후추 간 것을 뿌린다.

03 오븐 팬에 가지를 올리고 토마토 스파게티 소스를 바른다.

04 예열된 오븐의 가운데 칸에서 15~17분간 굽는다.
오븐 팬을 꺼내 슈레드 피자치즈를 얹고 다시 5분간 굽는다.

05 그릇에 가지를 담고 루꼴라를 얹은 후 발사믹 글레이즈, 올리브유를 뿌린다. 파르미지아노 치즈를 필러로 얇게 슬라이스한다.

드레싱 먼저 만들기

+발사믹 글레이즈

❶ 작은 냄비에 재료를 모두 넣고 섞는다.
❷ 중약 불에서 저어가며 드레싱의 양이 반으로 줄어들 때까지 5~7분간 졸인다.

발사믹 식초 1/4컵

\+

소금 1/4작은술

\+

올리고당
1과 1/2큰술

=

고르곤졸라 치즈 샐러드

고르곤졸라 치즈가 떠먹는 플레인 요거트와 어우러져 맛이 부드러워졌습니다.
평소 고르곤졸라 치즈의 쿰쿰한 향이 부담스러웠던 분들도 한결 편히 즐길 수 있을 겁니다.
고르곤졸라 치즈는 곶감과 같은 달콤한 말린 과일과도 잘 어울린답니다.
집에 있는 말린 과일이나 견과류를 듬뿍 넣어 함께 즐겨보세요.

10~15분
2~3인분

- 로메인 12장(120g)
- 고르곤졸라 치즈 40g
  (또는 페타 치즈, 크림치즈)
  ★ 재료 설명 24쪽
- 곶감 2개
  (또는 다른 말린 과일, 50g)
- 아몬드 슬라이스 1큰술
  (또는 다른 견과류)

01

로메인은 밑동만 제거한 후
씻고 체에 밭쳐 물기를 뺀다.

02

고르곤졸라 치즈는 한입 크기로
뜯는다.

03

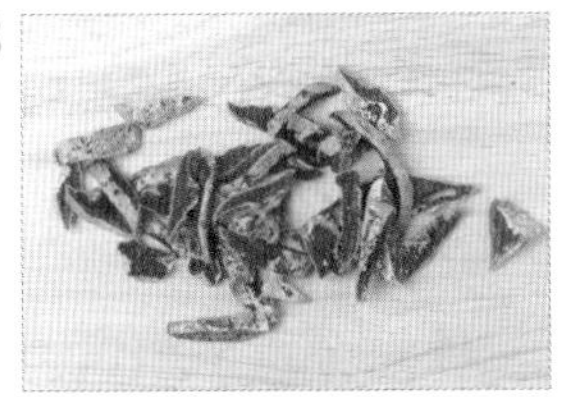

곶감은 0.5cm 두께로 썬다.

04

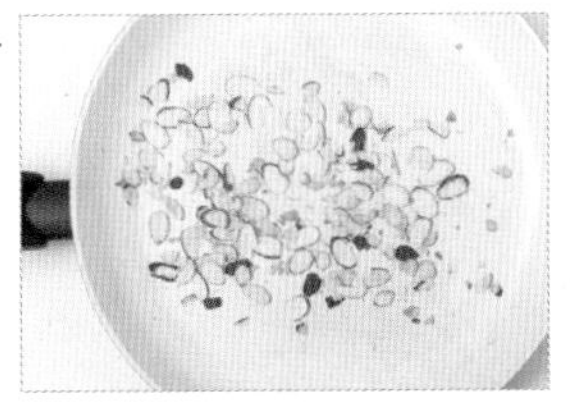

달군 팬에 아몬드 슬라이스를 넣고
중간 불에서 2~3분간
노릇하게 볶는다.

05

그릇에 로메인, 고르곤졸라 치즈,
곶감을 담고 드레싱을 뿌린 다음
아몬드 슬라이스를 곁들인다.

+ 고르곤졸라 치즈 드레싱

작은 믹서에 올리브유를 제외한
재료를 넣고 간 후 올리브유를 넣어
한번 더 섞는다.

고르곤졸라 치즈 1큰술
★ 재료 설명 24쪽

+

설탕 2작은술

+

떠먹는 플레인 요거트 3큰술

+

레몬즙 1큰술

+

올리브유 1큰술

||

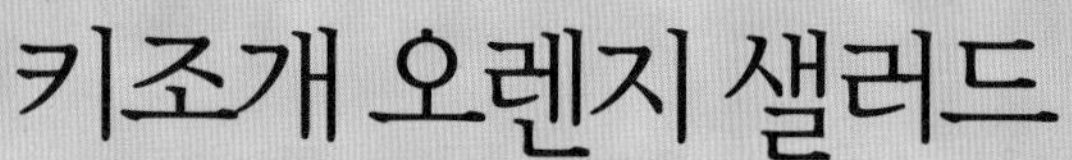

키조개 오렌지 샐러드

은은한 단맛과 쫄깃한 식감이 있는 키조개는
상큼한 오렌지와 맛 궁합이 잘 맞죠.
샐러드 재료는 물론 드레싱에도 오렌지를
듬뿍 넣어보았어요. 여기에 파르미지아노 치즈로
만든 튀일까지 곁들여 더욱 정성을 담았습니다.
색다른 샐러드가 필요할 때 꼭 준비해보세요.

⏰ 20~25분
🥕 2~3인분

- 키조개 관자 4개(140g)
- 오렌지 1개
- 어린잎 채소 2줌(40g)
- 파르미지아노 치즈 30g
  ★ 재료 설명 24쪽
- 올리브유 1큰술
- 통후추 간 것 약간
- 소금 약간

01

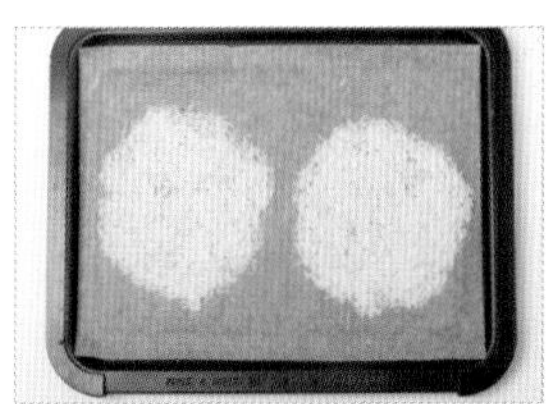

오븐은 220℃로 예열한다.
오븐 팬에 종이 포일을 깔고 강판에 간 파르미지아노 치즈 가루를 올려 납작하게 편다.
예열된 오븐의 가운데 칸에서 3분간 구워 튀일을 만든다.

02

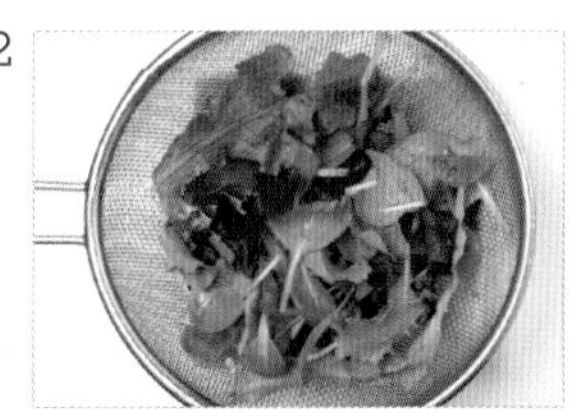

어린잎 채소는 찬물에 헹궈 체에 밭쳐 물기를 뺀다.

03

오렌지는 과육만 발라낸다.
★ 오렌지 과육 발라내기 13쪽

04

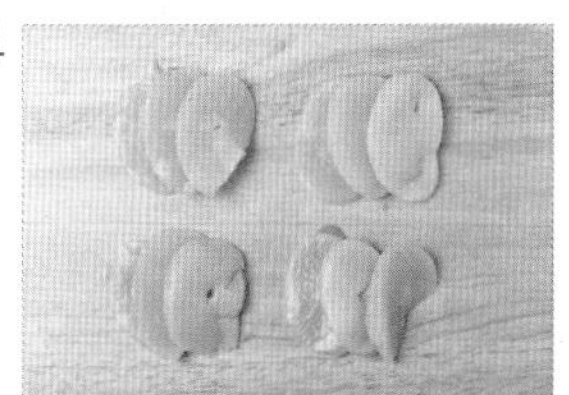

관자는 3등분한 후 올리브유, 통후추 간 것과 버무린다.

05

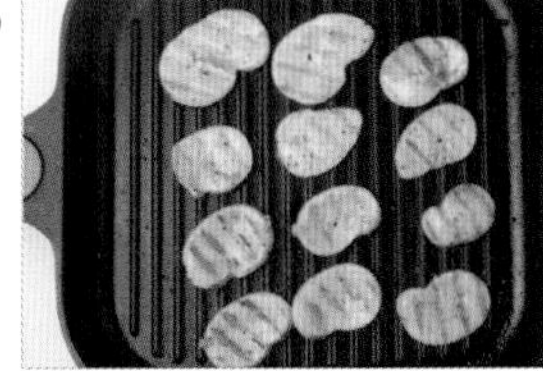

달군 그릴 팬(또는 팬)에 관자, 소금을 넣고 센 불에서 앞뒤로 각각 20초씩 굽는다.
★ 오래 구우면 질겨지므로 굽는 시간에 주의한다.

06

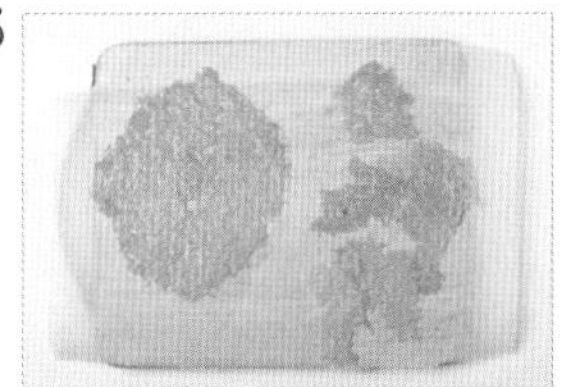

그릇에 관자, 오렌지, 어린잎 채소를 담고 드레싱을 뿌린다.
①의 튀일을 부숴 곁들인다.

Salad Tip

튀일(Tuile) 프랑스어로 '기와'라는 뜻으로 납작하고 둥근 모양을 가졌다.
치즈 튀일은 바삭한 식감과 짭조름한 맛이 좋아 서양 요리에서 가니쉬로 많이 쓰이는데 생략해도 된다.

+ 오렌지 드레싱

볼에 포도씨유를 제외한 재료를 넣고 섞은 후 포도씨유를 넣어 한번 더 섞는다.

 +  

오렌지 제스트 1큰술 (노란 껍질만 벗겨 잘게 다진 것)
★ 만들기 13쪽

오렌지주스 3큰술

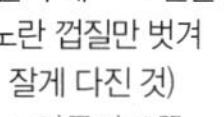

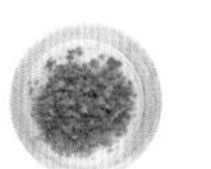 +  

말린 파슬리 1/2작은술 (생략 가능)

소금 1/2작은술

  + 

레몬즙 1큰술

다진 양파 2큰술

  + 

다진 마늘 1/4작은술

포도씨유 1큰술 (또는 카놀라유)

||

구운 새우 금귤 샐러드

구운 새우를 통째로 올려 더욱 폼 나는 손님상을 만들어 줄 메뉴예요. 동남아 요리에 많이 쓰이는 호이진 소스는 새우와 금귤에 정말 잘 어울려요. 달콤한 맛이 좋아서 아이들도 잘 먹는 샐러드이니 아이들과 함께 하는 손님상에 올리면 좋답니다.

15~20분
2~3인분

- 새우(중하) 6마리
- 비타민 4줌(80g)
  ★ 재료 설명 23쪽
- 금귤 5개
  (또는 귤, 오렌지, 75g)
- 양파 1/5개(40g)
- 땅콩 2큰술(또는 다른 견과류)
- 식용유 1큰술
- 소금 약간
- 통후추 간 것 약간

01

비타민은 찬물에 씻은 후
체에 밭쳐 물기를 뺀다.

02

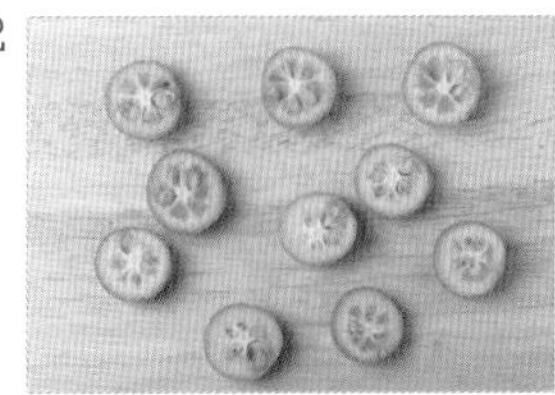

금귤은 2등분한다.

03

양파는 가늘게 채 썬다.

04

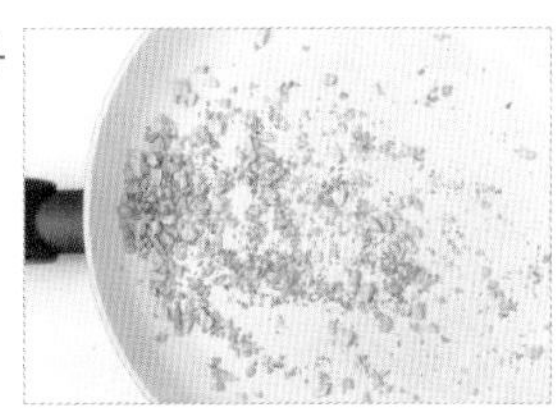

땅콩은 굵게 다진다.
달군 팬에 넣고 중간 불에서
2~3분간 노릇하게 볶는다.

05

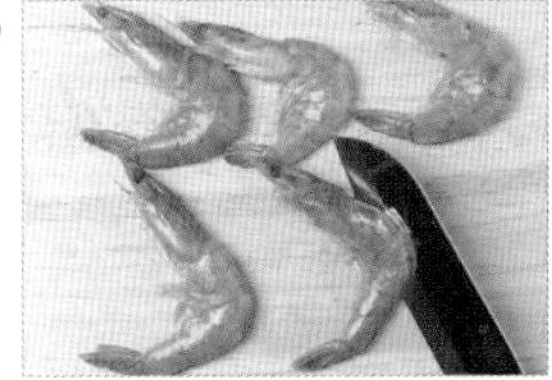

새우는 등쪽에 칼집을 낸 후
소금, 통후추 간 것을 뿌려
밑간한다.

06

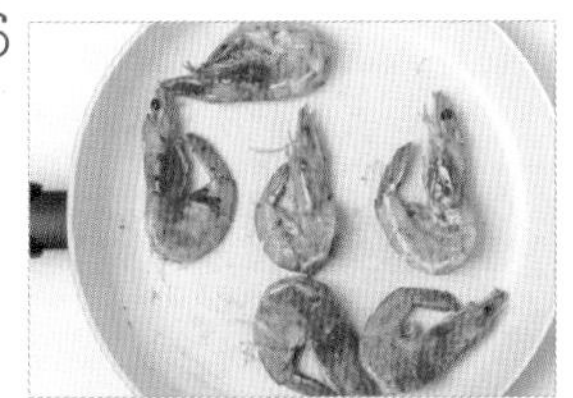

달군 팬에 식용유, 새우를 넣고
중간 불에서 앞뒤로 각각 2분씩
굽는다. 볼에 비타민, 금귤, 양파,
드레싱을 넣어 버무린 후 그릇에
담고 새우, 볶은 땅콩을 곁들인다.

드레싱
먼저 만들기

+땅콩 호이진 드레싱

작은 믹서에 포도씨유를 제외한
재료를 넣고 간 후 포도씨유를 넣어
한번 더 섞는다.

호이진 소스 2큰술
(또는 양조간장 2큰술 + 설탕 1큰술)
★ 재료 설명 25쪽

+

설탕 1큰술

+

레몬즙 2큰술

+

땅콩버터 1큰술

+

포도씨유 1큰술
(또는 카놀라유)

=

Salad Tip

이 샐러드에 어울리는 다른 재료들

새우(중하) 대신 냉동 새우살 8마리(120g)를, 금귤 대신 귤이나 오렌지, 자몽 등으로 대체해도 좋다.

볶은 새우와 시금치 샐러드

나물이나 국으로 주로 먹는 시금치는 단맛이 좋아 샐러드에도 잘 어울리는 채소예요.
매콤하게 볶은 새우와 달달한 시금치가 푸짐하게 어우러진 이 샐러드는 손님 상차림에 딱 좋은 메뉴지요.
재료의 크러시드페퍼를 생략하면 아이들도 맛있게 먹을 수 있답니다.

25~30분
2~3인분

- 시금치 6줌(300g)
- 생새우살 10마리(150g)
- 양파 1/2개(100g)
- 파르미지아노 치즈 약간
  (또는 파마산 치즈가루)
  ★ 재료 설명 24쪽
- 다진 마늘 1/2작은술
- 크러시드페퍼 1/2작은술
  ★ 재료 설명 25쪽
- 올리브유 2큰술
- 소금 약간
- 통후추 간 것 약간

01

시금치의 밑동은 잘라낸다.
찬물에 헹궈 체에 밭쳐 물기를 뺀다.

02

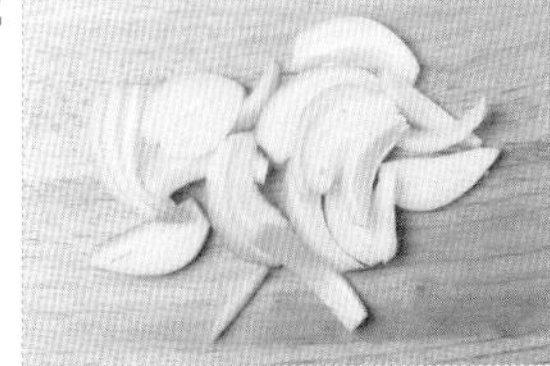

양파는 1cm 두께로 채 썬다.

03

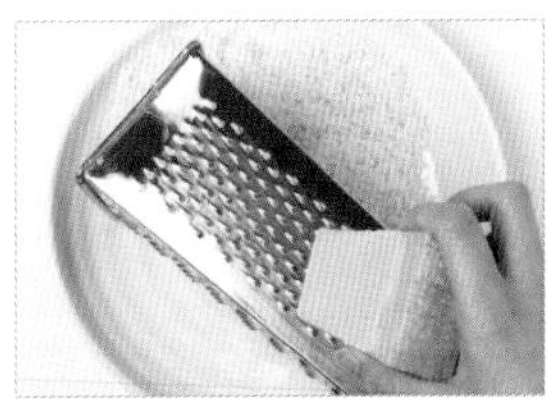

파르미지아노 치즈는 그레이터
(또는 강판)로 곱게 간다.

04

달군 팬에 올리브유, 생새우살,
양파, 다진 마늘, 크러시드페퍼,
소금, 통후추 간 것을 넣고
중간 불에서 3분간 볶는다.

05

그릇에 시금치, ④의 볶은 재료를
담고 드레싱, 파르미지아노 치즈를
뿌린다.

+매콤한 발사믹 글레이즈

❶ 작은 냄비에 발사믹 식초,
설탕, 소금을 섞은 후 약한 불에서
드레싱의 양이 반으로
줄어들 때까지 8~10분간 졸인다.
❷ 크러시드페퍼, 올리브유를 섞는다.

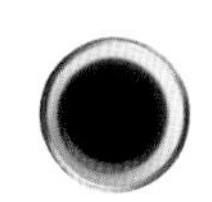

발사믹 식초 1/3컵

+

설탕 2큰술

+

소금 1/2작은술

+

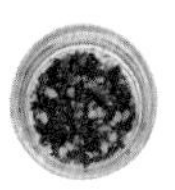

크러시드페퍼 1/2작은술
(또는 굵은 고춧가루)
★ 재료 설명 25쪽

+

올리브유 1큰술

||

Salad Tip

샐러드용 시금치 고르는 법 익히지 않고 그대로 먹는 샐러드용 시금치는 잎이 작고 부드러운 시금치가 좋다. 특히 겨울부터 이른 봄까지 많이 나는 포항초를 사용하면 단맛이 많아 더욱 맛있다.

참치 타다키 샐러드

참치살의 겉면만 살짝 익혀 타다키로 만든 후 샐러드로 변신시켰어요. 검은깨와 통깨를 참치 겉면에 듬뿍 묻혀 구워서 고소한 맛이 일품이랍니다. 알싸한 무순과 상큼한 레몬을 곁들인 덕분에 맛이 깔끔해서 어른들을 초대했을 때 대접하기 특히 좋아요.

20~25분
2~3인분

- 냉동 참치 200g
- 양파 1/5개(40g)
- 아보카도 1/2개(손질 후, 80g)
- 무순 30g
- 레몬 1/2개

- 검은깨 2큰술
- 통깨 2큰술
- 참기름 2큰술
- 식용유 1큰술
- 소금 1/3작은술
- 통후추 간 것 약간

01

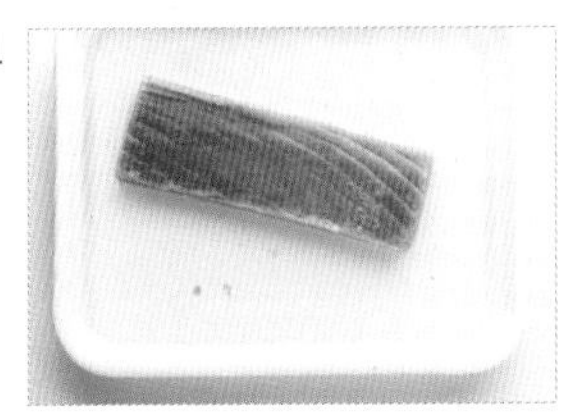

넓고 깊은 볼에 미지근한 물(6컵) + 소금(1작은술), 냉동 참치를 넣고 5분간 해동 시킨다. 키친타월로 감싸 물기를 없앤다.

02

참치에 소금, 통후추 간 것을 뿌려 밑간을 한다. 참기름을 묻힌 후 검은깨, 통깨를 입힌다.

03

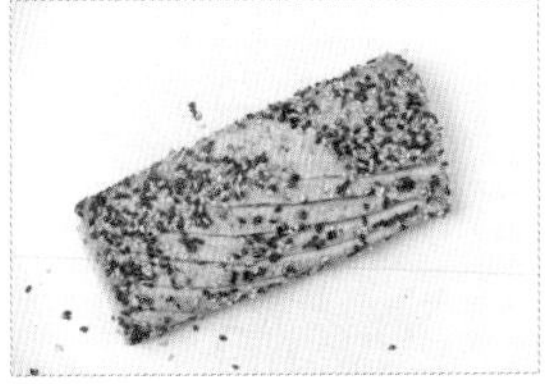

달군 팬에 식용유, 참치를 넣고 센 불에서 한쪽 면을 20초씩 겉면만 살짝 익힌 다음 한 김 식힌다.

04

양파는 가늘게 채 썰고, 무순은 체에 밭쳐 물기를 빼고, 아보카도는 0.5cm 두께로 썰고, 레몬은 얇게 썬다.
★ 아보카도 손질하기 15쪽

05

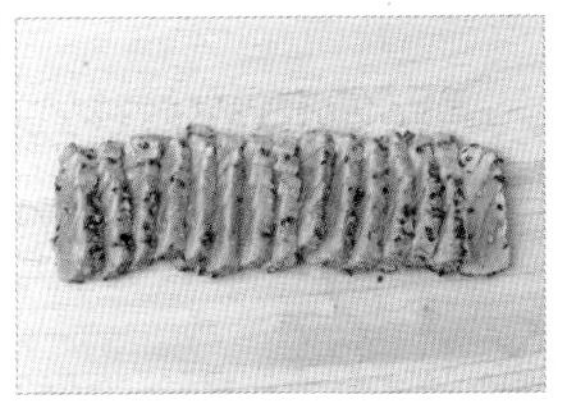

참치는 1cm 두께로 썬다. 그릇에 무순을 깔고 참치, 양파, 아보카도, 레몬을 올린 후 드레싱을 곁들인다.

드레싱 먼저 만들기

+ 우메보시 드레싱

볼에 포도씨유를 제외한 재료를 넣고 섞은 후 포도씨유를 넣고 한번 더 섞는다.

잘게 다진 우메보시 6개
(또는 다진 레몬 과육 1/3개분)
★ 재료 설명 25쪽

+

설탕 4작은술

+

소금 1/2작은술

+

식초 2큰술

+

맛술 1큰술

+

다진 양파 1작은술

+

포도씨유 1큰술
(또는 카놀라유)

||

Salad & Dressing Tip

냉동 참치 제대로 해동하는 법 냉동 참치는 미지근한 온도의 옅은 소금물에 5분 정도 담가 약간 단단한 상태일 때까지만 해동한다. 너무 흐물거릴 정도로 녹이면 살이 으스러지기 쉬우니 주의한다.

훈제연어 알감자 샐러드

훈제연어를 이용한 색다른 샐러드입니다. 콜리플라워와
알감자를 삶아 함께 곁들이니 더욱 푸짐하고, 알싸한 드레싱은
훈제연어의 느끼함을 싹 잡아줍니다. 영양소가 골고루 들어있어
양을 줄여 한 끼 식사 샐러드로 즐겨도 좋습니다.

30~35분
2~3인분

- 알감자 15개(300g)
- 마늘 2쪽
- 콜리플라워 1/3개
  (또는 브로콜리, 100g)
- 훈제연어 슬라이스
  약 3장(100g)

- 영양부추 1/2줌(20g)
- 양파 1/4개(50g)
- 케이퍼 2~3큰술
  ★ 재료 설명 25쪽

01

냄비에 알감자, 잠길 만큼의 물, 소금(1큰술), 마늘을 넣고 센 불에서 끓어오르면 20~25분간 삶는다. 체에 밭쳐 물기를 뺀다. 알감자만 체에 밭쳐 물기를 뺀다.
★ 마늘을 함께 삶으면 알감자에 마늘향이 스며들어 더 맛있다.

02

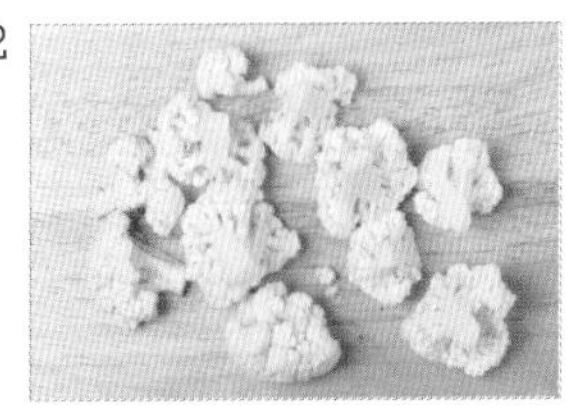

콜리플라워는 한입 크기로 썬다.

03

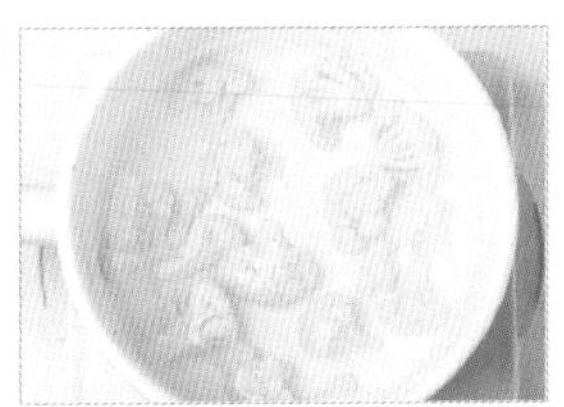

끓는 물(6컵) + 소금(2작은술)에 콜리플라워를 넣고 20초간 데친다. 찬물에 담갔다가 체에 밭쳐 물기를 뺀다.

04

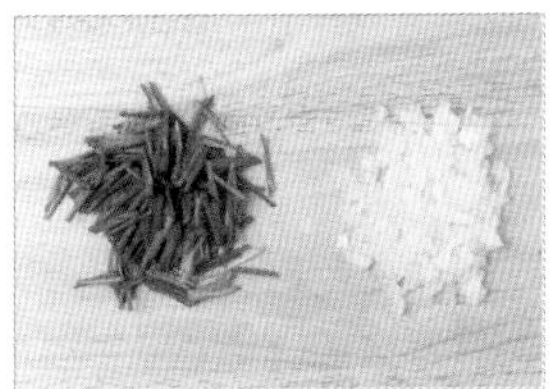

영양부추는 2cm 길이로 썰고, 양파는 굵게 다진다.

05

훈제연어는 한입 크기로 썬다.

06

볼에 모든 재료와 드레싱을 넣고 살살 버무린다.
★ 알감자의 크기가 크다면 버무리기 전에 2~3등분해도 좋다.

드레싱 먼저 만들기

+ 호스래디시 드레싱

볼에 모든 재료를 넣고 섞는다.

호스래디시 1큰술 (또는 연와사비 1/2큰술)

+

설탕 2작은술

소금 1/2작은술

+

레몬즙 1큰술

다진 양파 1큰술

+

마요네즈 3큰술

Dressing Tip

호스래디시(Horseradish)는 서양 고추냉이의 뿌리를 갈아서 만든 흰색의 걸쭉한 소스. 개운한 매운맛이 있어 훈제연어처럼 기름진 요리에 곁들이면 잘 어울린다. 병에 담긴 상태로 판매하며 대형마트, 백화점에서 구입 가능하다.

훈제연어 오이 샐러드

여성분들이 많은 모임에 추천하는 샐러드입니다. 훈제연어와 함께 오이를 멋스럽게 썰어서 담아보았고요, 훈제연어와 잘 어울리는 케이퍼베리, 그리고 호스래디시 드레싱을 곁들였답니다. 화려한 플레이팅으로 멋스럽게 담아 손님 초대상을 꾸며보세요.

⏰10~15분
🥕 2~3인분

- 훈제연어 슬라이스 5장(150g)
- 와일드 루꼴라 1과 1/2줌(75g)
  ★ 재료 설명 23쪽
- 오이 1/2개
  (길이로 자른 것, 100g)
- 샬롯 1개(또는 양파 1/5개, 40g)
- 래디시 1개(생략 가능)
- 케이퍼베리 20g
  (또는 케이퍼 2큰술)
- 레몬 1/2개(50g)
- 통후추 간 것 약간
- 올리브유 약간

01

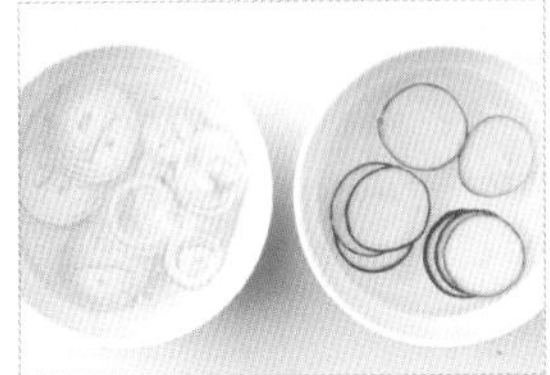

샬롯, 래디시는 모양대로 얇게 썬다. 각각 찬물에 담가 5분간 둔 후 물기를 없앤다.

02

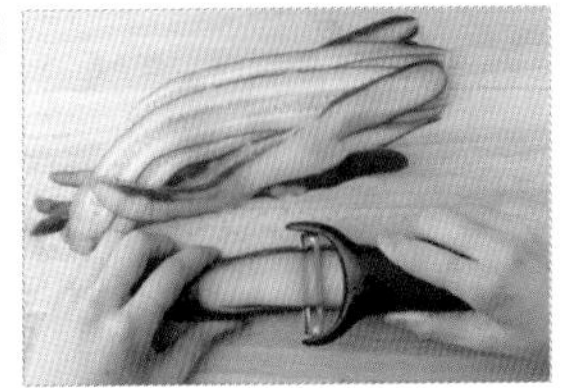

오이는 필러로 길고 얇게 슬라이스한다.

03

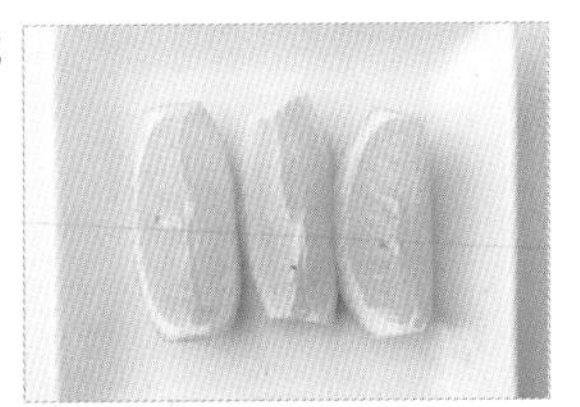

레몬은 웨지 모양으로 3등분한다.

04

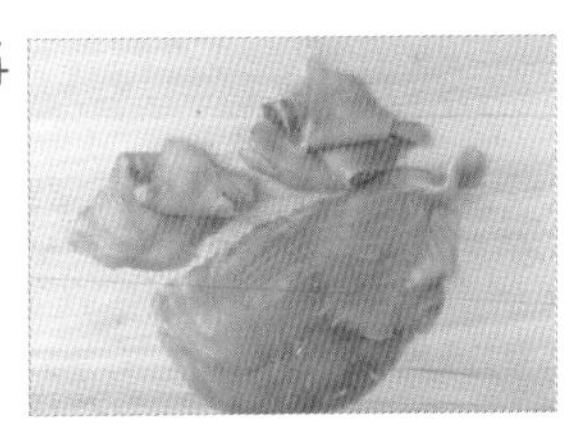

훈제연어는 사진과 같이 자연스럽게 접는다.

05

그릇에 모든 재료를 담고 드레싱을 곁들인다.

🍓 Salad Tip

케이퍼베리 열매를 줄기째로 절인 것으로, 열매 안에 작은 씨가 있어 씹는 식감이 좋다. 병에 담긴 상태로 판매되는데, 그대로 먹기도 하고, 요리에 더하기도 한다. 대형마트, 백화점에서 구입 가능하며 동량의 케이퍼(재료 설명 25쪽)로 대체 가능하다.

+ 호스래디시 드레싱

볼에 모든 재료를 넣고 섞는다.

+

호스래디시 1큰술 (또는 연와사비 1/2큰술)

설탕 2작은술

+

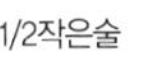
소금 1/2작은술

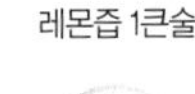
레몬즙 1큰술

+

다진 양파 1큰술

마요네즈 3큰술

=

🍓 Dressing Tip

호스래디시(Horseradish)는 서양 고추냉이의 뿌리를 갈아서 만든 흰색의 걸쭉한 소스. 개운한 매운맛이 있어 훈제연어처럼 기름진 요리에 곁들이면 잘 어울린다. 병에 담긴 상태로 판매하며 대형마트, 백화점에서 구입 가능하다.

연어구이를 곁들인 구운 비트 샐러드

비트는 구우면 단맛이 더 좋아지는 채소로, 연어구이와 함께 먹으면 맛도, 모양도 아주 잘 어울린답니다.
또한 달콤한 비트 드레싱은 연어를 더욱 부드럽게 즐길 수 있게 해주죠.
이 드레싱의 붉은색은 식욕을 돋우고 샐러드를 한층 돋보이게 해주기도 한답니다.

30~35분
2~3인분

- 연어 스테이크용 2조각(220g)
- 어린잎 채소 2줌(40g)
- 비트 1개(160g)
- 올리브유 3큰술
- 소금 1작은술 + 약간 + 1/3작은술
- 통후추 간 것 약간
- 말린 파슬리 가루 약간(생략 가능)

01

오븐은 220℃로 예열한다. 쿠킹포일에 껍질 그대로의 비트, 올리브유 1큰술, 소금 1작은술, 통후추 간 것 약간을 넣고 감싼다. 예열된 오븐의 가운데 칸에서 25~30분간 구운 후 한 김 식힌다.

02

어린잎 채소는 찬물에 헹군 후 체에 밭쳐 물기를 뺀다.

03

연어에 소금 약간, 통후추 간 것을 뿌려 밑간한다. 달군 팬에 올리브유 2큰술, 연어를 올려 중간 불에서 앞뒤로 각각 3~4분씩 노릇하게 굽는다.

04

①의 비트의 껍질을 벗긴 후 1/3개는 드레싱에 사용한다. 남은 비트는 사방 1.5cm 크기로 썬 후 소금 1/3작은술, 말린 파슬리와 볼에 담아 버무린다.

05

그릇에 연어와 어린잎 채소, ④의 구운 비트, 드레싱을 곁들인다.

드레싱 만들기

+ 구운 비트 드레싱

작은 믹서에 포도씨유를 제외한 재료를 넣고 곱게 간 후 포도씨유를 섞는다.

구운 비트 1/3개(50g)

+

소금 1작은술

+

오렌지주스 4큰술

+

포도씨유 1큰술
(또는 카놀라유)

||

Dressing Tip

비트가 구하기가 어렵다면 씨겨자 드레싱(111쪽)이나 마늘 발사믹 드레싱(203쪽)을 곁들인다. 이때는 샐러드 재료의 비트도 생략 가능하다.

닭고기 수삼 샐러드

어른들을 위한 상차림에 올리면 한결 정성스러워 보이는 샐러드예요. 수삼의 쌉싸래한 향이 요거트와 잘 어울리지요. 또한 칼로리도 낮아 가볍게 즐기고픈 사람들의 모임에 활용하기 좋은 메뉴랍니다.

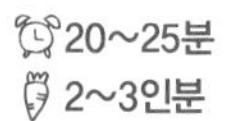

20~25분
2~3인분

- 닭가슴살 1쪽(100g)
- 수삼 1/2개(30g)
- 양상추 5장(70g)
- 오이 1개(200g)
- 마늘 1쪽(5g)
- 무순 약간(생략 가능)
- 검은깨(또는 통깨) 1/2큰술
- 소금 1큰술
- 통후추 간 것 약간

01

냄비에 물(4컵), 마늘, 소금, 통후추 간 것을 넣고 끓어오르면 닭가슴살을 넣는다. 중간 불에서 15분간 삶은 후 닭가슴살만 건져낸다.

02

양상추는 찬물에 씻은 후 한입 크기로 뜯어 체에 밭쳐 물기를 뺀다. 오이는 5cm 길이로 썬 후 돌려 깎아 가늘게 채 썬다.

03

수삼은 껍질을 벗긴 후 가늘게 채 썬다.

04

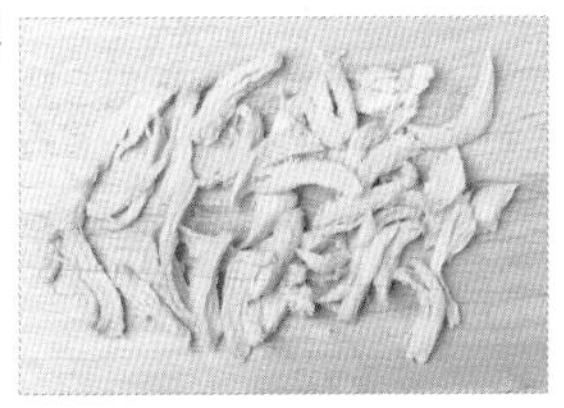

삶은 닭가슴살은 물기를 없앤 후 결대로 찢는다.

05

그릇에 닭가슴살, 수삼, 양상추, 오이를 담고 드레싱을 뿌린다. 무순, 검은깨를 얹는다.

+ 수삼 요거트 드레싱

볼에 포도씨유를 제외한 재료를 넣고 섞은 후 포도씨유를 넣어 한번 더 섞는다.

잘게 다진 수삼 20g
(수삼 1/3개)

\+

떠먹는 플레인 요거트 4큰술

\+

소금 1작은술

\+

레몬즙 1큰술

\+

올리고당 1큰술

\+

포도씨유 1큰술
(또는 카놀라유)

||

Salad Tip

수삼 손질하는 법 수삼의 윗부분을 잘라낸 후 칼날을 세워서, 또는 필러로 껍질을 벗긴다.

닭가슴살이 없을 때 대체하는 방법은? 동량(100g)의 생새우살이나 전복, 소라 등의 해산물로 대체해도 좋다.

스파이시 치킨 샐러드

매운 음식이 주는 쾌감, 잘 아시죠? 저도 스트레스받는 날이면 친구들과 매운 음식을 만들어 먹으며 스트레스 해소를 하곤 해요. 매운 음식이 생각나는 그날을 위한 샐러드 하나 소개할게요. 크러시드페퍼를 팍팍 넣은 스파이시 치킨 샐러드랍니다. 망고, 채소를 함께 더해 단맛과 아삭한 식감도 느껴진답니다. 친구들과의 모임에 꼭 한번 만들어보세요.

25~30분
2~3인분

- 닭가슴살 1쪽(100g)
- 주황 파프리카 1/2개(100g)
- 망고 1개(200g)
- 토마토 1개(150g)
- 오이 1/2개(100g)
- 포도씨유 1큰술
- 고수 약간
  ★ 재료 설명 23쪽
- 소금 약간

밑간

- 포도씨유 1큰술
- 크러시드페퍼 1/2작은술 (또는 매운 고춧가루)
- 통후추 간 것 약간
- 로즈메리 1줄기

01

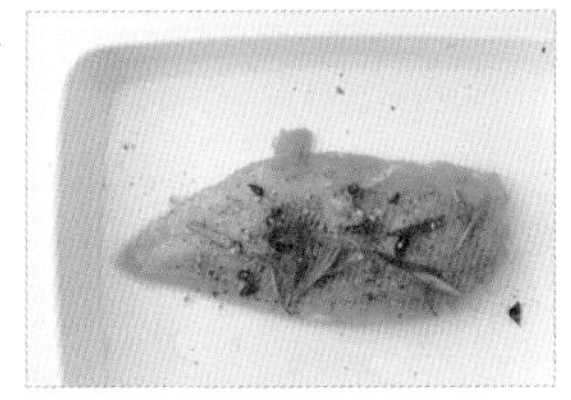

닭가슴살과 밑간을 버무려 20분간 둔 후 소금을 뿌린다.

02

토마토는 2등분한 후 0.5cm 두께로 썬다.
오이는 길이로 2등분한 후 0.5cm 두께로 어슷 썬다.

03

파프리카, 망고는 0.5cm 두께로 썬다.
★ 망고 과육 발라내기 13쪽

04

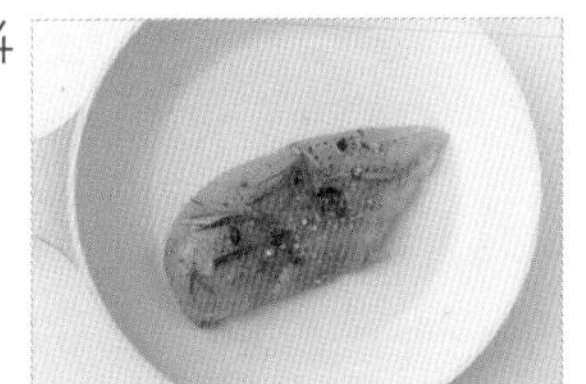

달군 팬에 포도씨유, 닭가슴살을 넣고 중약 불에서 앞뒤로 각각 3분, 약한 불로 줄여 뚜껑을 덮어 앞뒤로 각각 2분씩 굽는다.

05

한 김 식힌 후 0.5cm 두께로 썬다.

06

그릇에 모든 재료를 담고 드레싱을 곁들인다.

+ 스파이시 레몬 드레싱

볼에 포도씨유를 제외한 재료를 넣고 섞은 후 포도씨유를 넣고 한번 더 섞는다.

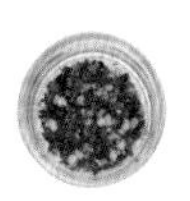

크러시드페퍼 1작은술
(또는 매운 고춧가루)
★ 재료 설명 25쪽

+

설탕 1과 1/2큰술

+

소금 1과 1/2작은술

+

레몬즙 3큰술

+

다진 양파 1큰술

+

포도씨유 2큰술
(또는 카놀라유)

||

Dressing Tip

크러시드페퍼는 가감 또는 생략한 후 맵지 않게 즐겨도 좋다.

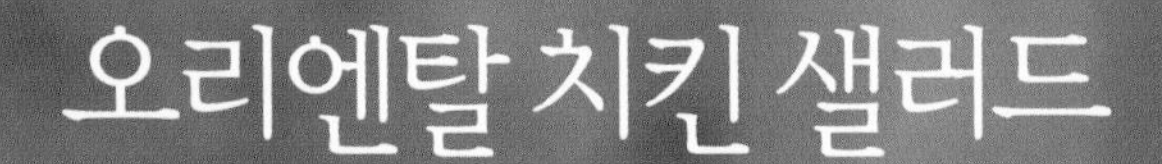

오리엔탈 치킨 샐러드

매콤한 호이진 드레싱을 곁들여 개운하게 즐기는 샐러드예요.
튀긴 당면을 샐러드에 올리면 푸짐하고 폼 나는 메뉴가 되지요.
아이들이 함께 먹을 때는 마늘과 크러시드페퍼의 양을 줄여 맵지 않게 해주세요.

20~25분
2~3인분

- 닭가슴살 1쪽(100g)
- 양상추 7장(100g)
- 오이 1/2개(100g)
- 셀러리 20cm(30g)
- 홍고추 1개
- 마늘 1쪽
- 소금 2작은술
- 통후추 간 것 약간
- 당면 약간(생략 가능)
- 식용유 1/2컵(100㎖, 생략 가능)

01

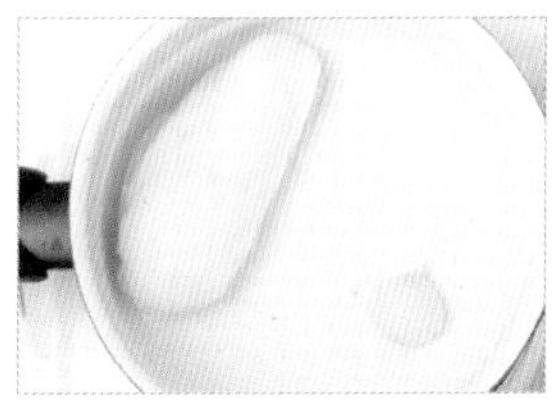

냄비에 물(4컵), 마늘, 소금, 통후추 간 것을 넣고 끓어오르면 닭가슴살을 넣는다. 중간 불에서 15분간 삶은 후 닭가슴살만 건져낸다.

02

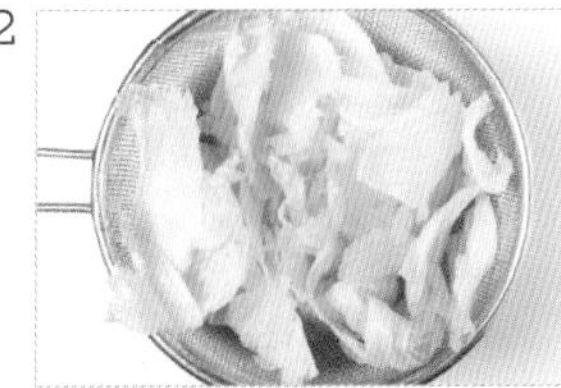

양상추는 찬물에 씻은 후 한입 크기로 뜯고 체에 밭쳐 물기를 뺀다.

03

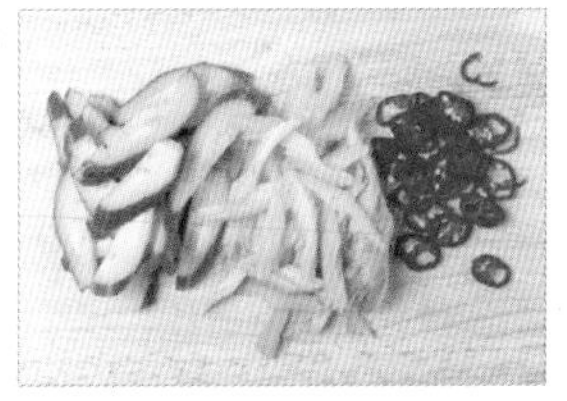

오이는 길이로 2등분한 후 얇게 어슷 썬다. 셀러리는 필러로 섬유질을 없앤 후 오이와 비슷한 크기로 어슷 썬다. 홍고추는 송송 썬다.

04

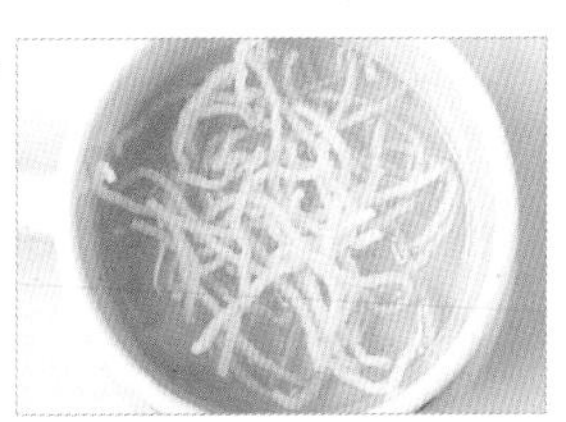

당면은 5cm 길이로 부순다. 냄비에 식용유를 붓고 170℃(당면을 넣었을 때 하얗게 튀겨지는 정도)로 끓인다. 당면을 넣고 중간 불에서 10초간 튀긴 후 키친타월에 올려 기름기를 뺀다.

05

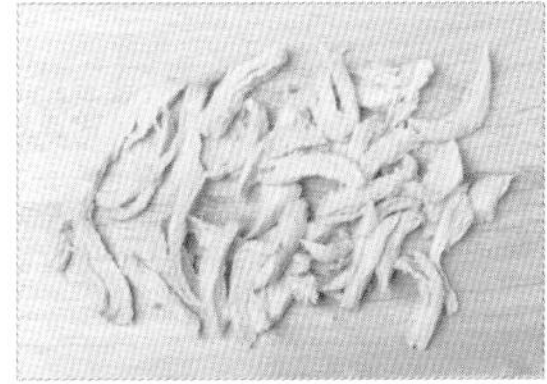

삶은 닭가슴살은 결대로 찢는다.

06

그릇에 모든 재료를 담고 드레싱을 곁들인다.

드레싱 먼저 만들기

+마늘 호이진 드레싱

볼에 포도씨유를 제외한 재료를 넣고 섞은 후 포도씨유를 넣어 한번 더 섞는다.

다진 마늘 1큰술

호이진 소스 2큰술
(또는 양조간장 2큰술 + 설탕 1큰술)
★ 재료 설명 25쪽

설탕 1작은술

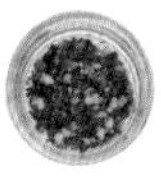

크러시드페퍼 1작은술
(또는 매운 고춧가루)
★ 재료 설명 25쪽

+

식초 2큰술

+

포도씨유 1큰술
(또는 카놀라유)

=

Salad Tip

당면을 튀기는 것이 번거롭다면? 대파(흰 부분) 20cm를 얇게 채 썰어 찬물에 담가 매운맛을 뺀 후 곁들여도 좋다.

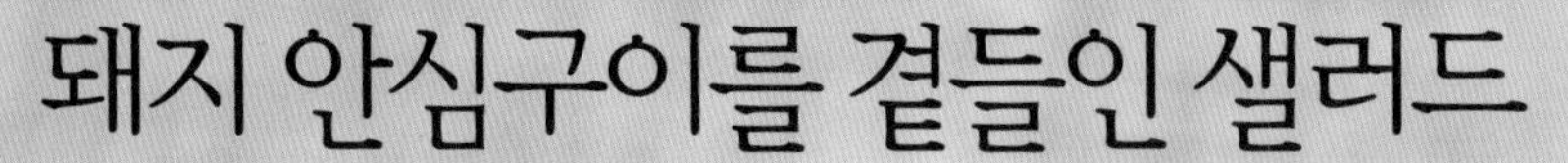

돼지 안심구이를 곁들인 샐러드

기름기가 적은 돼지고기 안심을
팬에 구워 샐러드에 곁들였습니다.
돼지고기와 궁합이 좋은 부추,
사과를 고추장 드레싱과 함께
버무리니 개운한 맛이 참 좋아요.
한식 식탁에 잘 어울리는 샐러드,
어른들도 좋아하시겠죠?

⏰ 20~25분
🥕 2~3인분

- 돼지고기 안심 150g
- 사과 1/2개(100g)
- 영양부추 1줌(40g)
- 양파 1/5개(40g)
- 레몬즙 2큰술
- 소금 약간
- 통후추 간 것 약간
- 식용유 2큰술

01

사과는 가늘게 채 썬 후 레몬즙과 버무린다. 영양부추는 5cm 길이로 썬다. ★ 사과에 레몬즙을 뿌리면 색이 변하는 것을 막을 수 있다.

02

양파는 가늘게 채 썬다.

03

돼지고기 안심은 0.5 cm 두께로 얇게 썬다. 소금, 통후추 간 것을 뿌려 밑간한다.

04

달군 팬에 식용유, 돼지고기를 넣고 중간 불에서 3분간 앞뒤로 뒤집어가며 굽는다.

05

볼에 사과, 영양부추, 양파, 드레싱을 넣고 버무려 그릇에 담고 돼지고기를 곁들인다.

+ 사과 고추장 드레싱

작은 믹서에 포도씨유를 제외한 재료를 넣고 곱게 간 후 포도씨유를 넣고 한번 더 섞는다.

사과 1/4개(50g)

+

고추장 2작은술

설탕 1큰술

+

식초 3큰술

양조간장 2작은술

+

다진 양파 2큰술

다진 마늘 2작은술

+

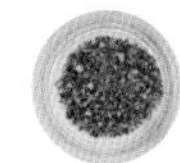
통후추 간 것 약간

포도씨유 2작은술
(또는 카놀라유)

=

태국식 꼬치구이 샐러드

방콕에 가면 길거리 음식으로 쉽게 볼 수 있는 돼지고기 꼬치를 샐러드에 곁들였어요. 양념에 땅콩을 갈아 넣어 더욱 고소합니다. 라임이나 레몬즙을 돼지고기 꼬치에 뿌리면 상큼하게 즐길 수 있습니다.

20~25분
2~3인분

- 돼지고기 목살 140g
- 오이 1/2개(100g)
- 숙주 1줌(50g)
- 적양배추 2장
  (또는 양배추, 60g)
- 고수 약간
  (또는 셀러리 잎, 생략 가능)
  ★ 재료 설명 23쪽

- 소금 1/2작은술
- 레몬즙 2큰술
- 설탕 1작은술
- 포도씨유(또는 카놀라유) 4큰술

01

돼지고기 목살은 한입 크기로 썬다. 태국식 땅콩 소스 4큰술, 소금과 버무려 10분간 둔다. 남은 소스에 레몬즙, 설탕, 포도씨유 2큰술을 섞어 드레싱을 만든다.

02

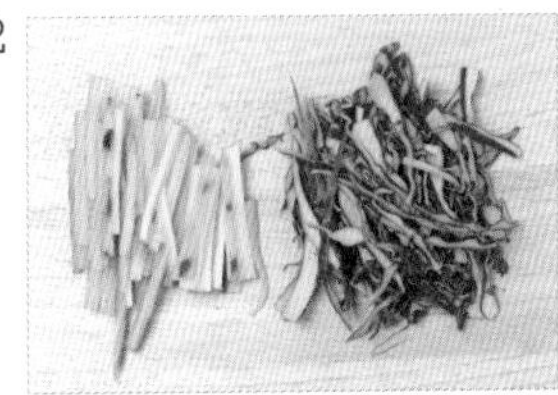

오이, 적양배추는 가늘게 채 썬다.

03

①의 돼지고기를 꼬치에 나눠 끼운다.

04

달군 팬에 포도씨유 2큰술, 꼬치를 넣고 중약 불에서 앞뒤로 각각 2분 30초씩 뒤집어가며 노릇하게 굽는다.

05

오이, 적양배추, 숙주, 드레싱을 넣고 버무려 그릇에 담고 꼬치, 고수를 곁들인다.

Salad Tip

이 샐러드에 어울리는 다른 재료들 돼지고기 목살 대신 동량(140g)의 닭고기나 쇠고기, 새우로 대체해도 좋다.
숙주를 그대로 먹는 것이 부담스럽다면? 살짝 익혀서 더해도 좋다.
위생팩에 숙주를 넣고 전자레인지에서 30~40초간 익힌 후 곁들인다.

+태국식 땅콩 소스

작은 믹서에 재료를 넣고 곱게 간다.

볶은 땅콩 1컵(110g)

+

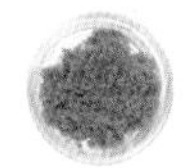

흑설탕 4큰술(또는 설탕)

+

레몬즙 2큰술

+

피쉬소스 2큰술
★ 재료 설명 25쪽

+

양조간장 2작은술

+

다진 양파 1큰술

+

다진 마늘 2작은술

||

태국식 쇠고기 샐러드

숙주, 오이의 아삭한 식감과 고추피클 드레싱의 칼칼하고 개운한 맛이 입맛을 당기는 샐러드예요. 완성된 샐러드를 라이스페이퍼에 넣고 돌돌 말아 롤로 먹어도 맛있답니다.

20~25분
2~3인분

- 쇠고기 부챗살 150g
- 숙주 2와 1/2줌(120g)
- 오이 1/2개(100g)
- 적양파 1/4개(또는 양파, 50g)
- 홍고추 1개
- 고수 약간(또는 셀러리 잎, 생략 가능)
  ★ 재료 설명 23쪽
- 식용유 2작은술
- 소금 약간
- 통후추 간 것 약간

01

숙주는 찬물에 헹군 후 체에 밭쳐 물기를 뺀다.

02

오이는 5cm 길이로 썬다. 길게 반을 가른 후 0.3cm 두께로 납작하게 썬다.

03

적양파는 가늘게 채 썰고, 홍고추는 어슷 썬다.

04

쇠고기는 키친타월로 감싸 핏물을 없앤 다음 소금, 통후추 간 것으로 밑간한다. 달군 팬에 식용유, 쇠고기를 넣고 중간 불에서 앞뒤로 각각 1분씩 뒤집어가며 익힌다.

05

한 김 식힌 후 한입 크기로 저미듯 썬다.

06

볼에 채소, 쇠고기, 드레싱을 넣고 버무린 후 그릇에 담고 고수를 곁들인다.

Salad Tip

숙주를 그대로 먹는 것이 부담스럽다면? 살짝 익혀서 더해도 좋다.
위생팩에 숙주를 넣고 전자레인지에서 30~40초간 익힌 후 곁들인다.

드레싱 먼저 만들기

+ 고추피클 드레싱

❶ 태국고추 피클은 잘게 다진다.
❷ 볼에 포도씨유를 제외한 재료를 넣고 섞은 후 포도씨유를 넣어 한번 더 섞는다.

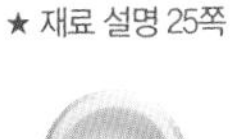

태국고추 피클 5개 (또는 청양고추 1개)
★ 재료 설명 25쪽

+

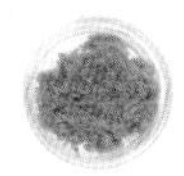

흑설탕 2큰술

레몬즙 2큰술

+

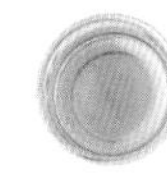

피쉬소스 1큰술
★ 재료 설명 25쪽

양조간장 2작은술

+

다진 마늘 2작은술

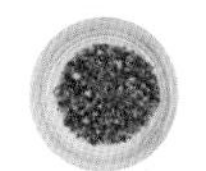

통후추 간 것 약간

+

포도씨유 1큰술 (또는 카놀라유)

||

비프 카르파치오 샐러드

서양식 육회 샐러드인 쇠고기 카르파치오예요. 발사믹 드레싱과 양송이가 쇠고기 안심과 잘 어우러지지요. 입맛을 돋우는 애피타이저나 식사 후 와인 안주로 준비하면 좋습니다.

20분~25분
(+ 고기 숙성 시키기 40분)
2~3인분

- 쇠고기 안심 100g
- 양송이버섯 3개(60g)
- 파르미지아노 치즈 10g(또는 파마산 치즈가루)
  ★ 재료 설명 24쪽
- 말린 파슬리 약간(생략 가능)

01

쇠고기 안심은 키친타월로 감싼 후 다시 랩으로 돌돌 만다. 냉장실에 20분간 둔다.

02

양송이버섯은 모양대로 0.2cm 두께로 썬다. 파르미지아노 치즈는 필러로 얇게 슬라이스한다.

03

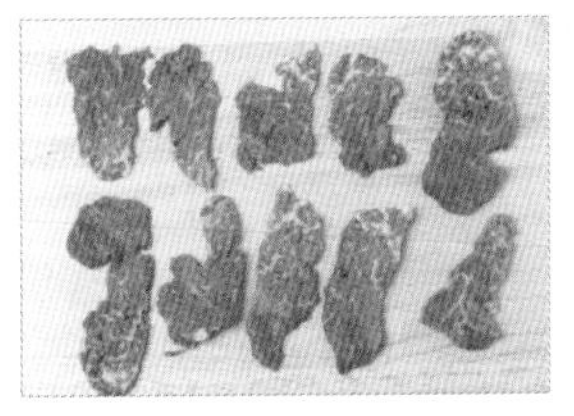

①의 쇠고기를 최대한 얇게 썬다.

04

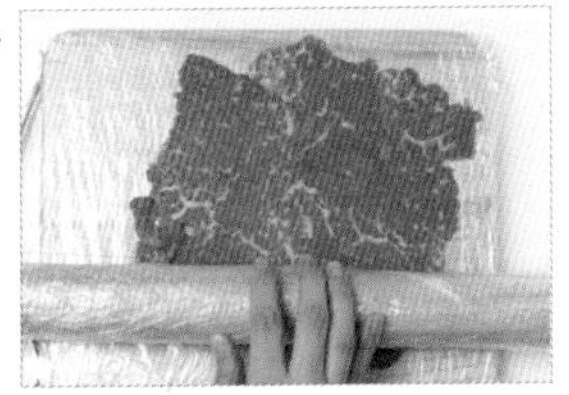

랩으로 도마, 밀대를 각각 감싼다. 도마에 쇠고기를 약간의 간격을 두고 올린 다음 밀대로 밀어 한 덩어리가 되도록 한다.

05

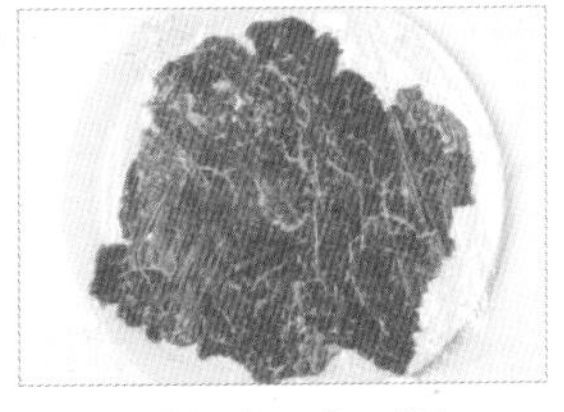

그릇에 랩을 깔고 쇠고기를 올린 후 다시 랩으로 감싸 냉동실에 20분간 둔다.

06

랩을 벗긴 고기를 그릇에 담고 양송이버섯을 올린다. 드레싱, 파르미지아노 치즈, 말린 파슬리를 올린다.

Salad Tip

샐러드용 쇠고기 고르기 & 안심하고 즐기기 쇠고기를 익히지 않고 먹는 요리이므로 신선한 냉장육을 구입하는 것이 좋다. 또한 쇠고기를 얇게 밀어 냉동실에 넣어두었다가 사용하면 살균 효과가 있어 더욱 안심하고 먹을 수 있다.

+ 트러플 발사믹 드레싱

❶ 볼에 발사믹 식초, 설탕, 소금, 다진 양파를 넣고 섞은 후 올리브유를 넣어 한번 더 섞는다.
❷ 먹기 직전에 트러플 오일을 넣고 섞는다. ★ 마지막에 넣어야 향을 잘 즐길 수 있다.

발사믹 식초 2큰술
+

설탕 1작은술

소금 2/3작은술
+

다진 양파 1큰술

올리브유 1작은술
+

트러플오일 1큰술 (생략 가능)

=

Dressing Tip

트러플오일은 프랑스 3대 진미로 꼽히는 트러플(송로버섯)의 향이 밴 오일이다. 특유의 향 덕분에 조금만 넣어도 요리가 특별해진다. 트러플오일이 구하기 어렵거나 향이 부담스럽다면 생략해도 좋다.

스테이크 샐러드

부드러운 부챗살 스테이크에 구운 채소를 곁들인 폼 나는 샐러드예요.
고기를 더욱 푸짐하게 넣으면 손님 초대상의 메인 요리로도 손색이 없지요.

⏰ 15~20분
🥕 2~3인분

- 쇠고기 부챗살 150g
- 아스파라거스 3개
- 노란 파프리카 1개(200g)
- 방울토마토 6개(90g)
- 올리브유 2큰술
- 소금 약간
- 통후추 간 것 약간

01

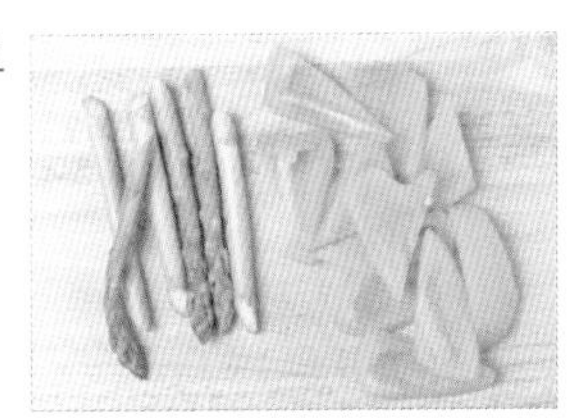

아스파라거스는 2등분하고,
파프리카는 삼각형 모양으로 썬다.
쇠고기는 키친타월로 감싸
핏물을 없앤다.

02

달군 팬에 올리브유 1큰술,
아스파라거스, 파프리카, 방울토마토,
소금, 통후추 간 것을 넣고
센 불에서 1~2분간 뒤집어가며
구운 후 덜어둔다.

03

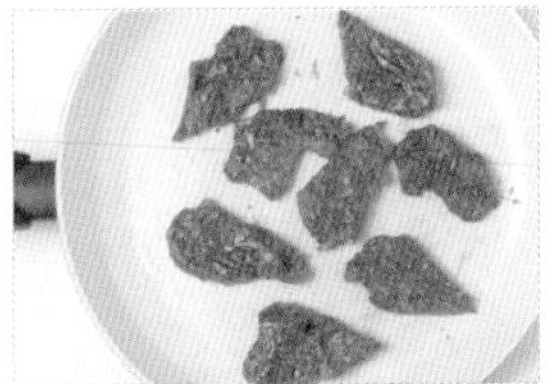

②의 팬을 닦지 않고 그대로
달군 후 올리브유 1큰술, 쇠고기,
소금, 통후추 간 것을 넣는다.
중간 불에서 앞뒤로 각각 1분씩
뒤집어가며 익힌 후 덜어둔다.

04

③의 팬을 닦지 않고 그대로
달군 후 스테이크 소스 드레싱
재료를 넣고 중약 불에서
30초간 저어가며 졸인다.

05

그릇에 재료를 담고 드레싱을
곁들인다.

+ 스테이크소스 드레싱

채소, 고기를 구운 팬을 닦지 않은
상태에서 드레싱 재료를 넣고
중약 불에서 저어가며 30초간 졸인다.

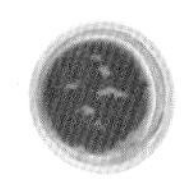

A1 스테이크소스 3큰술
(또는 일반 스테이크소스)

+

설탕 1작은술

+

식초 1큰술

+

씨겨자 2작은술(또는 머스터드)
★ 재료 설명 24쪽

+

올리고당 1/2작은술

+

다진 마늘 1/2작은술

=

Dressing Tip
채소와 고기를 구운 팬에는 재료의
육즙과 풍미가 그대로 있으므로
드레싱이 더욱 진하고 맛있어진다.

Recipe plus

남는 샐러드 100% 활용하기

샐러드가 남았다면
새로운 요리에 활용해보세요.

라이스페이퍼 롤

라이스페이퍼에 남은 샐러드 재료를 넣고 돌돌 말아 보세요.
소스나 드레싱은 찍어 먹을 수 있도록 따로 곁들이면
간단한 도시락으로도 손색이 없답니다.

태국식 쇠고기 샐러드로 만든 롤

재료 2인분
태국식 쇠고기 샐러드, 고추피클 드레싱, 태국식 땅콩 소스,
익힌 쌀국수 1줌, 라이스페이퍼 4장

만들기
❶ 태국식 쇠고기 샐러드, 고추피클 드레싱을 만든다(232쪽).
❷ 태국식 땅콩 소스를 만든다(231쪽).
❸ 볼에 태국식 쇠고기 샐러드, 익힌 쌀국수를 넣고 섞는다.
❹ 미지근한 물에 라이스페이퍼 1장을 10초 정도 담가둔다.
그릇에 펼친 후 ③의 재료 1/4분량을 넣고 돌돌 만다. 같은 방법으로 3개 더 만든다.
❺ 고추피클 드레싱이나 태국식 땅콩 소스에 찍어 먹는다.

+ 그 외 라이스페이퍼 롤로 응용 가능한 샐러드

- 동남아풍 새우 샐러드(132쪽)
- 훈제오리 샐러드(166쪽)
- 오징어 사과 샐러드(174쪽)
- 오리엔탈 치킨 샐러드(226쪽)

샌드위치

남은 샐러드를 빵과 함께 샌드위치로 만들어 보세요.
단, 물기가 많은 샐러드는 눅눅하고 맛없는 샌드위치가 되므로
피해주세요. 빵은 식빵, 베이글, 곡물빵 등 무엇이든
잘 어울린답니다. 유럽 느낌 가득한 샌드위치를 만들고 싶다면
크루아상이나 치아바타, 포카치아를 추천합니다.

데블드 에그 샐러드로 만든 오픈 샌드위치

재료 2인분
데블드 에그 샐러드, 씨겨자 마요 드레싱, 호밀빵 4조각, 올리브유 약간

만들기
❶ 데블드 에그 샐러드, 씨겨자 마요 드레싱을 만든다(164쪽).
❷ 볼에 ①을 넣고 포크로 대강 으깬다.
❸ 호밀빵의 앞뒤로 올리브유를 바른다.
달군 그릴 팬(또는 팬)에 넣고 중간 불에서
앞뒤로 각각 2분씩 노릇하게 구운 후 한 김 식힌다.
❹ 빵의 한쪽 면에 ②를 올린다.

➕ 그 외 샌드위치로 응용 가능한 샐러드

채소를 더하거나, 빵에 마요네즈나
허니 머스터드 드레싱(153쪽)을 발라도 좋아요.

- 알감자 샐러드(48쪽)
  알감자 샐러드를 다진 후 빵 사이에 넣는다.
- 훈제치즈 파인애플 샐러드(58쪽)
  바게트에 얹어 오픈 샌드위치로 즐긴다.
- 타페나드 치킨 샐러드(160쪽)
  닭고기의 꼬치를 제거한 후 빵 사이에 넣는다.
- 훈제연어 알감자 샐러드(216쪽)
  알감자를 다진 후 훈제연어와 함께
  빵 사이에 넣는다.

덮밥

샐러드에 따라 덮밥의 밥을 달리해보세요.
흰밥, 잡곡밥, 가볍게 참기름을 더한 밥 등
무궁무진하답니다. 이 책에서 소개한 샐러드 중
덮밥에 활용하기 좋은 샐러드와 어울리는 밥을
매칭했으니 샐러드가 남았을 때 이용해보세요.

데친 버섯 샐러드로 만드는 덮밥

재료 1~2인분
따뜻한 밥 1공기(200g), 데친 버섯 샐러드 1/3분량, 쇠고기 드레싱 약간

만들기
❶ 데친 버섯 샐러드, 쇠고기 드레싱을 만든다(98쪽).
❷ 그릇에 밥을 담고 데친 버섯 샐러드 1/3분량,
쇠고기 드레싱 약간을 올린다.

+ 그 외 덮밥으로 응용 가능한 샐러드

밥에 남은 샐러드를 얹고 드레싱을 소스로 부어준다.
남은 샐러드를 이용할 때 드레싱을 새로 만든다면
재료의 기름 양을 1/2정도로 줄여서 만들면 더욱 잘 어울린다.

- 두부튀김 참나물 샐러드(74쪽)
  현미밥에 곁들이면 잘 어울린다.
- 삼겹살을 곁들인 알배기배추 샐러드(82쪽)
  배추를 작게 썰어 삼겹살과 함께 밥에 올린다.
- 미트볼 샐러드(140쪽)
  흑미밥에 미트볼, 채소를 곁들인다.
- 샤부샤부 샐러드(162쪽)
  초 양념한 밥에 연근, 쇠고기를 조금 작게 썰어 올린다.
- 굴 튀김 샐러드(178쪽)
  채소를 작게 썰어 굴 튀김과 함께 밥에 올린다.
- 시사모구이 샐러드(182쪽)
  초 양념한 밥에 샐러드를 올리고
  초절임한 생강을 곁들인다.

퀘사디야

또띠야 사이에 각종 채소와 치즈 등을 더한 후
팬에 바삭하게 구운 멕시칸 요리, 퀘사디야. 치즈와 함께 먹기에
잘 어울릴 만한 샐러드를 응용해 퀘사디야를 만들어 보세요.

볶은 새우와 시금치 샐러드로 만든 퀘사디야

재료 1~2인분
볶은 새우와 시금치 샐러드, 매콤한 발사믹 글레이즈, 또띠야 2장,
슈레드 피자치즈 2/3컵(약 70g), 식용유 약간

만들기
❶ 볶은 새우와 시금치 샐러드, 매콤한 발사믹 글레이즈를 만든다(212쪽).
❷ 달군 팬에 식용유, ①의 시금치를 넣고 센 불에서 30초간 볶는다.
❸ 또띠야에 슈레드 피자치즈 → 볶은 새우와 시금치 순으로 올린 후 반으로 접는다.
같은 방법으로 1개 더 만든다.
❹ 중약 불로 달군 팬에 ③을 넣고 눌러가며 앞뒤로 각각 2~3분씩
치즈가 녹을 때까지 굽는다.
❺ 2~3등분한 후 매콤한 발사믹 글레이즈를 곁들인다.

+ 그 외 퀘사디야로 응용 가능한 샐러드

샐러드에 물이 많이 생겼다면 체에 밭쳐
물기를 빼고 만들어야 눅눅하지 않고
바삭한 퀘사디야를 즐길 수 있다.

- 콘 샐러드(38쪽)
- 멕시칸 빈 샐러드(58쪽)
- 대파구이 샐러드(90쪽)
  대파를 4cm 길이로 썰어서 넣는다.
- 살사와 과콰몰리를 곁들인 또띠야(134쪽)

샐러드 가나다순

드레싱 가나다순

<샐러드가 필요한 모든 순간 나만의 드레싱이 빛나는 순간>과 **함께 보면 좋은 책**

한 번쯤 채식을 생각해본 당신이라면, 지금부터 채식 연습!

<채식 연습 : 천천히 즐기면서 채식과 친해지기>

영양 균형과 재료의 성질, 궁합까지 고려한 건강한 채식 연습 6단계

- ☑ **1단계** 내 밥상 돌아보기
- ☑ **2단계** 채식 시작 전 알아두기
- ☑ **3단계** 채소 감수성을 키워주는 채식 시작하기
- ☑ **4단계** 일주일에 하루, 채식 실천하기
- ☑ **5단계** 이런 때, 이런날에도 채식해보기
- ☑ **6단계** 건강을 위협하는 증상들, 채식으로 관리하기

“다양한 채소를 색다르게,
조리법은 단순해서 좋아요.
채소와 잘 어울리고 영양가 있는
소스가 이렇게 많을 줄이야!

- 온라인 서점 알라딘
박** 독자님 -

샐러드가 필요한 모든 순간
나만의 드레싱이 빛나는 순간

1판 27쇄 펴낸 날 2018년 7월 3일
개정판 6쇄 펴낸 날 2024년 3월 21일

편집장	김상애
레시피 교정	석슬기
디자인	원유경
사진	윤경미(어시스턴트 이현준)
스타일링	박명원(Spinach701, 어시스턴트 윤수연 · 송지명)
	최새롬(Stylingho, 어시스턴트 심관훈)
요리 어시스턴트	조선명 · 김단우 · 김지연 · 유재광
기획 · 마케팅	엄지혜

편집주간	박성주
펴낸이	조준일

펴낸곳	(주)레시피팩토리
주소	서울특별시 용산구 한강대로 95 래미안용산더센트럴 A동 509호
대표번호	02-534-7011
팩스	02-6969-5100
홈페이지	www.recipefactory.co.kr
독자카페	cafe.naver.com/superecipe
출판신고	2009년 1월 28일 제25100-2009-000038호

제작 · 인쇄	(주)대한프린테크

값 21,000원

ISBN 979-11-85473-49-9